T/CAGHP 043—2018

目　次

前言 …… Ⅲ
引言 …… Ⅴ
1 范围 ……… 1
2 规范性引用文件 ……………………………………………………………………………………………… 1
3 基本规定 ……………………………………………………………………………………………………… 1
4 合同的订立 …………………………………………………………………………………………………… 2
5 合同的履行 …………………………………………………………………………………………………… 3
6 违约责任及争议解决 ………………………………………………………………………………………… 3
7 其他 ……… 3
附录 A（资料性附录） 地质灾害防治工程勘查合同范本 ………………………………………………… 4
附录 B（资料性附录） 地质灾害防治工程设计合同范本 ………………………………………………… 15
附录 C（资料性附录） 地质灾害防治工程施工合同范本 ………………………………………………… 28
附录 D（资料性附录） 地质灾害防治工程监理合同范本 ………………………………………………… 94
附录 E（资料性附录） 地质灾害防治工程监测合同范本 ………………………………………………… 105
附录 F（资料性附录） 地质灾害危险性评估合同范本 …………………………………………………… 122

Ⅰ

前　言

本指南按照 GB/T 1.1—2009《标准化工作导则　第 1 部分:标准的结构和编写》给出的规则起草。

本指南由中国地质灾害防治工程行业协会提出和归口。

本指南起草单位:重庆市地质灾害防治中心、重庆市地质环境监测总站。参编单位:重庆南江建设工程公司、重庆市基础工程有限公司、重庆 607 勘察实业总公司、山东大学、重庆市万州区地质环境监测站、中国地质调查局水文地质环境地质调查中心、中咨工程建设监理公司、陕西煤田地质监理事务所、重庆市地质矿产勘查开发局 208 水文地质工程地质队、重庆市地质矿产勘查开发局南江水文地质工程地质队、重庆市地质矿产勘查开发局 107 地质队、中煤科工集团西安研究院有限公司、江西省煤田地质勘察研究院、重庆市高新岩土工程勘察设计院、中国中铁二院重庆勘察设计研究院有限责任公司、重庆大学、重庆交通科研设计院、中煤地质工程总公司。

本指南主要起草人:庄建立、张涛、伍志石、李进财、马飞、黄建国、龚胜、彭光泽、曾国机、谭磊、唐光平、陈辉、周栋梁、周勇、潘勇、贺建波、李利平、张立才、李国臣、吴疆、王洪德、宋洪斌、倪志军、钱杰、张键、张文、潘方贵、杜春兰、刘天林、张志斌、阎宗岭、刘贵应、覃菊清、韩政兴、高洪、易鹏莹、向强、包向军、唐建波。

本指南由中国地质灾害防治工程行业协会负责解释。

引 言

　　为推动地质灾害防治工程行业健康发展，国土资源部发布了《国土资源部关于编制和修订地质灾害防治行业标准工作的公告》（国土资源部公告 2013 年第 12 号），确定将《地质灾害防治工程合同范本》纳入地质灾害防治行业标准。以《中华人民共和国合同法》为依据，以《中华人民共和国招标投标法》《中华人民共和国政府采购法》《中华人民共和国突发事件应对法》等法律法规及地质灾害防治工程的相关技术规程、规范为基础，认真总结了我国地质灾害防治工程领域中各专业不同单位之间签订的合同文本的内容和条款，在广泛征求意见的基础上，经反复审查定稿。

　　本合同体系文本的主要附件文本包括《地质灾害防治工程勘查合同范本》《地质灾害防治工程设计合同范本》《地质灾害防治工程施工合同范本》《地质灾害防治工程监理合同范本》《地质灾害防治工程监测合同范本》《地质灾害危险性评估合同范本》6 个单项合同范本。

T/CAGHP 043—2018

地质灾害防治工程合同编制指南(试行)

1 范围

本指南适用于在中华人民共和国境内进行的地质灾害防治工程的勘查、设计、施工、监理、监测、地质灾害危险性评估等合同制订签署活动。

2 规范性引用文件

下列文件对于本指南的应用是必不可少的。凡是注日期的引用文件,仅所注明日期的版本适用于本指南。凡是不注明日期的引用文件,其最新版本(包括所有的修改单)适用于本指南。

GB/T 32864—2016 滑坡防治工程勘查规范
DZ/T 0222—2006 地质灾害防治工程监理规范
DZ/T 0286—2015 地质灾害危险性评估规范
DZ/T 0221—2006 崩塌、滑坡、泥石流监测规范
DZ/T 0219—2006 滑坡防治工程设计与施工技术规范
《中华人民共和国合同法》
《中华人民共和国招标投标法》
《中华人民共和国政府采购法》
《中华人民共和国突发事件应对法》
《中华人民共和国安全生产法》
《中华人民共和国环境保护法》
《中华人民共和国建筑法》
《中华人民共和国测绘法》
《中华人民共和国著作权法》
《中华人民共和国劳动法》
《地质环境监测管理办法》
《地质灾害防治条例》
《建设工程勘查设计管理条例》
《生产安全事故报告和调查处理条例》
《地质灾害危险性评估单位资质管理办法》
《地质灾害治理工程勘查设计施工单位资质管理办法》
《地质灾害治理工程监理单位资质管理办法》
《国家突发地质灾害应急预案》
《国家突发公共事件总体应急预案》
《关于进一步完善地质灾害速报制度和月报制度的通知》
《农民工工资支付暂行规定》
《最低工资规定》

3 基本规定

3.1 为加强地质灾害防治工程监测、勘查、设计、评估、施工、监理等相关环节的管理,保证地质灾害治理工程质量,有效减轻地质灾害造成的危害,保障人民生命和财产安全,特订立本指南。

3.2 本指南根据《中华人民共和国合同法》《中华人民共和国政府采购法》《地质灾害防治条例》《中华人民共和国建筑法》等相关法律法规订立。

3.3 本指南所称的地质灾害,包括自然因素或者人为活动引发的危害人民生命和财产安全的山体崩塌、滑坡、泥石流、地面塌陷、地裂缝、地面沉降等与地质作用有关的灾害。

3.4 本指南所称的地质灾害防治是指通过有效的地质工程手段,改变上述地质灾害产生的过程,以达到减轻灾害危害或防止灾害发生的目的。

3.5 对于地质灾害防治工程应急事件的处置,地方人民政府可依法先行启动应急地质灾害勘查、设计、施工、监测等工作,再完善相关合同手续。

3.6 地质灾害防治工程不同于一般工业与民用建筑工程,要注重变更的处理,特别在"施工合同"中要加强对变更的约定。

4 合同的订立

4.1 本合同中的甲方(发包人)是承担地质灾害防治工程直接建设管理责任,委托地质灾害防治工程监测、勘查、设计、评估、施工、监理业务的法人或其合法继承人。

4.2 本指南中承担专项地质灾害治理工程勘查、设计、施工和监理的单位,应当具备《地质灾害防治条例》规定的条件,并经省级以上人民政府国土资源主管部门资质审查合格,取得国土资源主管部门颁发的相应等级的资质证书后,方可在资质等级许可的范围内从事地质灾害治理工程的勘查、设计、施工和监理、监测活动。

4.3 签订本合同的地质灾害防治工程监测、勘查、设计、评估、施工、监理单位必须符合《地质灾害危险性评估单位资质管理办法》《地质灾害治理工程勘查设计施工单位资质管理办法》《地质灾害治理工程监理单位资质管理办法》中关于单位资质的强制性规定。

4.4 甲方(发包人)不得将地质灾害防治工程发包给不具有相应资质条件的单位或个人,不得肢解发包。

4.5 地质灾害治理工程勘查、设计、施工和监理单位不得超越其资质等级许可的范围或者以其他地质灾害治理工程勘查、设计、施工和监理单位的名义承揽地质灾害治理工程勘查、设计、施工和监理业务。

4.6 地质灾害治理工程勘查、设计、施工和监理单位不得允许其他单位以本单位的名义承揽地质灾害治理工程勘查、设计、施工和监理业务。

4.7 本合同中承担专项地质灾害治理工程勘查、设计、施工和监理单位的选择,应当遵循公开透明原则、公平竞争原则。公正原则和诚实信用原则,应符合《中华人民共和国政府采购法》《中华人民共和国招标投标法》的规定,法律另有规定的除外。

4.8 本合同以书面形式订立,自双方当事人签署时成立,自成立时生效。当事人对合同的效力可以约定附条件。附生效条件的合同,自条件成立时生效。附解除条件的合同,自条件成立时失效。当事人对合同的效力可以约定附期限。附生效期限的合同,自期限届至时生效。

5 合同的履行

5.1 本合同当事人应当按照约定全面履行自己的义务。应当遵循诚实信用原则，根据合同的性质、目的和交易习惯履行通知、协助、保密等义务。

5.2 本合同生效后，当事人就质量、价款或者报酬、履行地点等内容没有约定或者约定不明确的，可以签约补充协议；不能达成补充协议的，按照本合同有关条款或者交易习惯确定。

5.3 地质灾害治理工程勘查、设计、施工和监理单位不得将其承包的全部工程或者将其承包的全部工程肢解后转包给其他单位或个人。

5.4 本合同中地质灾害治理工程的勘查、设计、施工和监理应当符合国家有关标准和技术规范。

5.5 本合同中地质灾害防治主要资金来源于财政支持，其资金使用应按《地质灾害防治条例》及各级政府有关地质灾害防治专项资金管理的相关规定执行。

6 违约责任及争议解决

6.1 本合同一方当事人不履行合同义务或者履行合同义务不符合约定的，应当承担继续履行、采取补救措施或者赔偿损失等违约责任。

6.2 本合同一方当事人不履行合同义务或者履行合同义务不符合约定的，在履行义务或者采取补救措施后，对方还有其他损失的，应当赔偿损失。

6.3 本合同一方当事人不履行合同义务或者履行合同义务不符合约定，给对方造成损失的，损失赔偿额应当相当于因违约所造成的损失，包括合同履行后可以获得的利益，但不得超过违反合同一方订立合同时预见到或者应当预见到的因违反合同可能造成的损失。

6.4 因不可抗力因素导致不能履行本合同的，根据不可抗力因素的影响，部分或者全部免除责任，但法律另有规定的除外。当事人因迟延履行合同后发生不可抗力的，不能免除责任。

6.5 合同当事人一方违约后，对方应当采取适当措施防止损失的扩大；因没有采取适当措施致使损失扩大的，不得就扩大的损失要求赔偿。当事人因防止损失扩大而支出的合理费用，由违约方承担。

6.6 当事人双方都违反合同的，应当各自承担相应的责任。

6.7 因本合同产生的争议，合同当事人可以通过和解、调解、提请争议评审小组评审、诉讼或仲裁的方式解决。

6.8 本合同有关争议解决的条款独立存在，合同的变更、解除、无效或者被撤销均不影响其效力。

7 其他

7.1 甲方（发包人）与地质灾害防治工程监测、勘查、设计、评估、施工、监理单位的权利义务以其按本合同分则签订的具体合同内容为准，分则没有规定的，适用本合同总则的规定。

7.2 当事人对本合同条款的理解有争议的，应当按照合同所使用的词句、合同的有关条款、合同的目的、交易习惯以及诚实信用原则，确定该条款的真实意思。

附 录 A
（资料性附录）
地质灾害防治工程勘查合同范本

第一部分 合同协议书

委托方（以下简称甲方）：_____
承接方（以下简称乙方）：_____

根据《中华人民共和国合同法》《中华人民共和国政府采购法》《中华人民共和国突发事件应对法》《中华人民共和国招投标法》《地质灾害防治条例》（国务院〔2003〕394号令）、《建设工程勘查设计管理条例》以及地方相关法律、法规，遵循平等、自愿、公平和诚信的原则，双方就下述地质灾害防治工程勘查任务服务事项协商一致，订立本合同。

1 工程概况

项目名称：_____
勘查地点：_____
勘查阶段：_____

2 词语限定

本协议书中的词语含义与下述通用合同条款和专用合同条款中的词语含义相同。

3 组成本合同的文件

3.1 协议书（包括补充协议书）。
3.2 专用合同条款。
3.3 通用合同条款。
3.4 中标通知书、招投标文件（适用于招标工程）或委托书（适用于非招标工程）。
3.5 地质灾害勘查技术标准和要求。
3.6 甲方组织审查通过的勘查设计书及图纸。
3.7 勘查预算书。
3.8 与合同相关的其他文件。

在合同订立及履行过程中形成的与合同有关的文件均构成合同文件组成部分。

上述各项合同文件包括合同当事人就该项合同文件所做出的补充和修改属于同一类内容的文件，应以最新签署的为准。专用合同条款及其附件须经合同当事人签字或盖章。

T/CAGHP 043—2018

4 合同价款、收费标准与支付方式

4.1 合同金额

本项目勘查费按_____方式暂定为人民币(大写)_____元(¥_____元),最终费用以勘查结算费用为准。

1)勘查设计书预算费用_____。

2)双方协商约定的金额_____。

4.2 收费标准

本地质灾害勘查项目按国家规定的现行收费标准_____计取费用;国家规定的收费标准中没有规定收费标准的项目,由甲、乙双方另行议定。

4.3 支付方式

合同签订后_____日内甲方向乙方支付暂定勘查费的_____%作为定金;野外工作结束后_____日内甲方向乙方支付暂定勘查费的_____%;提交合格勘查成果并进行勘查结算后_____日内甲方一次性付清全部勘查费用。

勘查经费来源为财政拨款时,勘查经费的支付时间以相关财政部门的批复和实际下拨时间为准,不构成甲方违约。

乙方应当在甲方付款前5个工作日内向甲方提交合法足额的发票,乙方未提交发票或者提交的发票不符合甲方要求的,甲方有权顺延付款时间,不构成甲方违约。

5 工期要求

本地质灾害勘查工作定于_____年_____月_____日开工,_____年_____月_____日提交勘查成果资料。

6 甲、乙双方承诺

6.1 甲方保证按合同规定付款,并承担合同规定的甲方的其他义务和责任。

6.2 乙方保证按合同规定全面完成各项勘查任务,并承担合同规定的乙方的其他义务和责任。

7 合同订立

7.1 订立时间:_____年_____月_____日。

7.2 订立地点:_____。

7.3 本合同一式____份,具有同等法律效力,双方各执____份。

7.4 本合同协议书的签章应由经双方法定代表人或其委托代理人(如为委托代理人,应出示授权委托书)签名并加盖本单位公章。

7.5 本合同经甲、乙双方签章后生效。

8 其他

本合同未尽事宜,甲、乙双方协商解决。签订的补充协议及双方认可的来往传真、文件、会议纪要等,均为本合同的组成部分,与本合同具有同等法律效力。

甲方(盖章)：	乙方(盖章)：
法定代表人(签字)：	法定代表人(签字)：
委托代理人(签字)：	委托代理人(签字)：
地　　址：	地　　址：
邮政编码：	邮政编码：
电　　话：	电　　话：
传　　真：	传　　真：
电子邮箱：	电子邮箱：
开户银行：	开户银行：
银行账号：	银行账号：

T/CAGHP 043—2018

第二部分 通用合同条款

1 一般约定

1.1 定义与解释

下列词语和用语,除根据上下文另有其意义外,组成本合同的全部文件中的下列词语和用语,具有本款所赋予的含义。

1.1.1 "委托方"(甲方):指承担地质灾害防治工程直接建设管理责任,委托勘查任务的法人或其合法继承人。

1.1.2 "承接方"(乙方):指受委托方委托,承担勘查工作的法人或其合法继承人。

1.1.3 "甲方现场代表":指委托方派驻现场的管理人员。

1.1.4 "监理人员":指受委托人委托,对勘查工作提供监理服务的现场人员。

1.1.5 "地质灾害":指由自然因素或人为活动引发的危害人民生命和财产安全的山体崩塌、滑坡、泥石流、地面塌陷、地裂缝、地面沉降、采空塌陷、岩溶塌陷、砂土液化、不稳定斜坡等与地质作用有关的灾害。

1.1.6 "地质灾害勘查":指用专业技术方法调查分析地质灾害状况和形成发展条件的各项工作的总称,为地质灾害评价与防治工程设计提供依据。

1.1.7 "违约责任":指合同一方不履行合同义务或履行合同义务不符合约定所应承担的责任。

1.1.8 "天":除特别指明外,均指日历天。合同中按天计算时间的,开始当天不计入,从次日开始计算,期限最后一天的截止时间为当天。

1.1.9 "工期":指协议条款约定的合同工期。

1.1.10 "不可抗力":指不能预见、不能避免并不能克服的自然灾害和社会性突发事件,如水灾、风灾、旱灾、地震和专用条款约定的其他情形。

1.2 合同文件的解释顺序

组成本合同的下列文件彼此应能相互解释、互为说明。除专用合同条款另有约定外,本合同文件的解释顺序如下:

(1)协议书(包括补充协议书)。
(2)专用合同条款。
(3)通用合同条款。
(4)中标通知书、招投标文件(适用于招标工程)或委托书(适用于非招标工程)。
(5)地质灾害勘查技术标准和要求。
(6)甲方组织审查通过的勘查设计书及图纸。
(7)勘查预算书。
(8)与合同相关的其他文件。

1.3 严禁贿赂

合同当事人不得以贿赂或变相贿赂的方式,谋取非法利益或损害对方权益。因合同一方当事人的贿赂造成对方损失的,应赔偿损失,并承担相应的法律责任。

2 勘查依据及技术标准

2.1 勘查依据

2.1.1 本勘查合同。

2.1.2 甲方提交的基础资料及相关文件。

2.1.3 中标文件或甲方委托书。

2.1.4 专用合同约定的其他文件。

2.2 乙方采用的主要技术标准及要求

2.2.1 适用于工程的国家标准、行业标准、工程所在地的地方性标准,以及相应的规范、规程等。

2.2.2 甲方提出的与勘查有关的技术要求。

2.2.3 经甲方审查同意或投标文件中的地质灾害勘查设计书。

2.2.4 有关勘查设备器件的技术指标。

2.2.5 专用条款约定的其他技术标准和要求。

3 委托方(甲方)义务与责任

3.1 甲方应严格履行基本建设程序,根据本工程的具体情况和技术要求,确定合理的设计工作量及合理的设计周期,并应按本合同有关约定及时向乙方支付勘查费。

3.2 甲方委托任务时,必须以书面形式向乙方明确勘查任务及技术要求。

3.3 甲方应按专用合同规定的内容向乙方提交基础资料及文件,并对其真实性负责。甲方不得要求乙方违反本合同 2.2 中有关标准进行勘查工作。

3.4 乙方进入现场进行勘查作业时,甲方应为乙方完成地质灾害勘查工作提供必要的工作条件,并负责协调地质灾害勘查工作中的所有外部关系,并承担其费用。

3.5 甲方应组织专家或委托咨询单位对勘查成果以及为了满足勘查需要而进行的各种研究试验成果进行审查,并对乙方在贯彻落实审查意见时提出的有关问题及时予以认真解答。

3.6 勘查过程中的任何变更,经办理正式变更手续后,甲方应按实际发生的工作量支付勘查费。

3.7 甲方不应对乙方提出不符合工程安全生产法律、法规和工程建设强制性标准规定的要求。甲方不应随意压缩合同规定的勘查周期。

3.8 由于甲方原因造成乙方停工、窝工,除工期顺延外,甲方应支付停工费、窝工费。

3.9 甲方应在专用条款约定的时间内,对乙方以书面形式提交并要求做出决定的事宜给予书面答复。逾期未答复的,视为甲方认可。

3.10 甲方应保护乙方的投标书、勘查方案、报告书、文件、资料图纸、数据、特殊工艺(方法)、专利技术和合理化建议,未经乙方同意,甲方不得复制,不得泄露,不得擅自修改、传送或向第三人转让或用于本合同外的项目。如发生上述情况,甲方应负法律责任,乙方有权索赔。

3.11 本合同有关条款规定和补充协议中甲方应承担的其他义务与责任。

4 承接方(乙方)义务与责任

4.1 乙方应按照国家(行业)的现行标准、规范(程)和甲方的任务委托书及技术要求进行地质灾害勘查,勘查成果应满足有关规定要求,资料真实、准确、可靠。

4.2 乙方应按本合同规定的时间提交质量合格的地质灾害勘查成果资料,并对其负责。

4.3 勘查过程中应认真记录每日工作内容,保存原始记录资料与数据,以供甲方检查和分析。

4.4 在钻探过程中,如甲方根据规范需要更改取样间距与现场试验的要求,或更改钻孔深度,乙方应积极配合并安排实施。

4.5 乙方在钻探过程中应对地下管线和构筑物进行相应保护,遇到地下文物时应及时向甲方和文物保护部门汇报并妥善保护。乙方在钻探过程中应采取有效的环境保护措施,避免对周围环境造成破坏或污染。

4.6 勘查项目组成员必须符合专用条款相关规定。

4.7 乙方提交的勘查成果不合格,应按专用条款的约定承担相应责任。

4.8 地质灾害勘查过程中,根据现场工程施工的地质条件及技术规范要求,向甲方提出增减工作量或修改勘查工作的意见,并办理正式变更手续。

4.9 乙方不得将勘查任务违法转包,发现有转包情形时,甲方有权解除勘查合同。

4.10 乙方勘查人员的工资福利、社保待遇以及人身和财产安全由乙方负责。乙方在进行勘查时,应采取相应的安全、保卫和环境保护措施,如乙方未能采取有效的措施而发生的与勘查活动有关的人身伤亡、罚款、索赔、损失赔偿、诉讼费用及其他一切责任应由乙方负责。

4.11 乙方应履行必要的后期服务。

4.12 乙方应对甲方提供的所有文件材料、信息、数据等承担保密义务,直至该信息被公开为止。

4.13 勘查成果未经甲方许可,不得向第三方提供勘查资料,不得将内容公开发表。

4.14 乙方向甲方提供的勘查成果报告等任何文件材料所涉及的著作权等其他知识产权,均归属甲方所有。未经甲方许可,乙方不得自行或者授权他人使用。

5 违约与赔偿

5.1 甲方的违约

5.1.1 由于甲方变更勘查项目、规模、条件或未按合同规定提供勘查必需的资料而造成勘查任务的返工、停工、窝工,甲方应按乙方实际消耗的工作量支付费用;由于甲方要求提前完成勘查工作而导致增加的人员和费用,应另行计列。

5.1.2 甲方超过合同规定的日期支付费用的,应偿付逾期的违约金。偿付办法与金额按专用条款规定办理。

5.1.3 在合同履行期间,甲方要求解除合同的(但并非乙方原因造成),甲方除应按乙方完成的实际工作量支付费用外,还应按专用条款的约定支付违约金。

5.1.4 甲方应保护乙方的投标书、勘查方案、报告书、文件、资料图纸、数据、特殊工艺(方法)、专利技术和合理化建议,未经乙方同意,甲方不得复制、不得泄漏、不得擅自修改、传送或向第三人转让或用于本合同外的项目;如发生上述情况,应负法律责任,乙方有权索赔。

5.2 乙方的违约

5.2.1 在履行合同过程中发生下列任何一种情况,均属乙方违约,甲方有权解除勘查合同:
(1)乙方将勘查任务转包;
(2)乙方未按照本合同规定的强制性技术标准、规范和规程进行勘查;
(3)乙方未能按期提交勘查成果(甲方同意延长期限的除外);
(4)在收到甲方或上级主管部门提出的审查意见后,乙方未在专用合同条款规定的期限内完成对勘查成果报告的修改;
(5)因勘查深度不够、资料不足、方案缺陷以及勘查质量低劣而被要求返工从而造成质量问题;
(6)乙方未履行必要的后续服务;

(7)因勘查错误而造成一般质量事故；

(8)因勘查错误而造成重大质量事故；

(9)因勘查深度不够、资料不足、方案缺陷或质量低劣导致未通过上级主管部门的审查；

(10)由于乙方的过失或责任造成本项目施工工期拖延或者给甲方造成经济损失；

(11)专用合同条款中约定的乙方其他违约情况。

乙方发生本款约定的违约情况时，无论甲方是否解除合同，甲方均有权向乙方索取专用合同条款中规定的违约金，并由甲方将其违约行为上报上级主管部门。

5.3 免责条款

5.3.1 甲、乙双方非自身过错，发生安全事故、工期延误等，不承担责任。

5.3.2 因不可抗力因素导致本合同全部或部分不能履行时，双方各自承担其因此而造成的损失、损害。

6 变更与索赔

6.1 勘查过程中发生变更，导致合同工期和勘查内容发生变化，超出经甲方审查通过的勘查设计书的内容时，乙方应当以书面形式及时通知甲方，乙方应当同时提交关于变化导致勘查费用变更的说明，甲方应按专用条款约定的时间给予答复，逾期不答复，视为同意变更。

6.2 勘查过程中发生变更，导致合同工期和勘查内容发生变化，甲方要求乙方超出经甲方审查通过的勘查设计书的内容提供勘查服务的，应当以书面形式及时通知乙方，乙方应按专用条款约定的时间给予答复，逾期不答复的，视为同意变更。

7 勘查费用结算

7.1 勘查费用结算时间

按专用条款约定的时间进行结算。

7.2 结算原则

按专用条款约定的结算原则进行结算。

7.3 结算支付勘查费用

支付的勘查费用包括正常的勘查工作费用、变更后增加的勘查工作费用，其他应由甲方承担的费用。

8 不可抗力

8.1 不可抗力的确认

8.1.1 不可抗力是指合同当事人在签订合同时不可预见，在合同履行过程中不可避免且不能克服的自然灾害或社会性突发事件，如地震、海啸等和专用条款中约定的其他情形，还包括地质灾害体状态发生变化。

8.1.2 不可抗力发生后，甲方和乙方应收集证明不可抗力发生及不可抗力造成损失的证据，并及时认真统计所造成的损失。合同当事人对是否属于不可抗力或其损失的意见不一致的，按本合同专用条款"商定或确定"的约定处理。发生争议时，按合同专用条款"争议解决"的约定处理。

8.2 不可抗力的通知

合同一方当事人遇到不可抗力事件，使其履行合同义务受到阻碍时，应立即书面通知合同另一方当事人，书面说明不可抗力和受阻碍的详细情况，并提供必要的证明。

8.3 不可抗力后果的承担

8.3.1 不可抗力引起的后果及造成的损失由合同当事人按照法律规定及合同约定各自承担。

8.3.2 不可抗力发生后,合同当事人均应采取措施尽量避免和减少损失的扩大,任何一方当事人没有采取有效措施导致损失扩大的,应对扩大的损失承担责任。

8.3.3 因合同一方当事人延迟履行合同义务,在延迟履行合同期间遭遇不可抗力的,不免除其违约责任。

9 合同解除

9.1 由于乙方原因导致甲方解除本合同的,甲方有权不支付剩余的勘查费用,且不免除由于乙方原因导致甲方或者任何第三方造成的损失赔偿责任。

9.2 因不可抗力导致合同无法履行的,甲方和乙方均有权解除合同。合同解除后,由双方当事人按照合同的相关规定确定甲方应支付的款项。

除专用合同条款另有约定外,合同解除后,甲方应在确定应支付款项后28天内完成款项的支付。

10 争议的解决

10.1 本合同履行过程中发生争议,由当事人双方协商解决,也可由主管部门或合同争议调解机构调解。协商或调解未果时,当事人可向人民法院起诉或申请仲裁机构仲裁。

10.2 在争议协商、调解、仲裁或起诉过程中,双方仍应继续履行本合同约定的责任和义务。

11 其他条款

鼓励乙方在勘查过程中使用新方法、新工艺,但乙方不得由此降低勘查成果质量。

第三部分 专用合同条款

1 一般约定

1.1 定义与解释

1.1.10 不可抗力的确认

除通用合同条款约定的不可抗力事件之外，视为不可抗力的其他情形：_____。

1.2 合同文件的优先顺序

_____。

2 勘查依据及技术标准

2.1.4 甲、乙双方约定的通用条款以外的相关依据：
(1) _____；
(2) _____。

2.2.1 适用于工程的标准规范包括：
_____。

2.2.5 甲方对工程的其他技术标准和要求：
_____。

3 委托方（甲方）义务与责任

3.1 甲方应向乙方明确勘查阶段，并提供如下资料。

3.3.1 项目立项及批复文件。

3.3.2 工程项目所在区的测量控制点、地形资料，前人工作成果，土地及城建规划，建设工程等资料。

3.3.3 提供地下管线、地下构筑物等地下埋藏物资料。

3.3.4 其他_____。

若因甲方未提供以上资料或资料不准确，致使乙方在勘查工作过程中发生人身伤害或造成经济损失的，由甲方承担民事责任。

3.4 甲方应及时为乙方提供勘查现场的工作条件并解决勘查现场出现的问题（如：落实临时占地、青苗赔偿、处理施工扰民、修筑施工便道等影响施工正常进行的有关问题），并承担所产生的费用。

3.8 由于甲方原因造成乙方停工、窝工或来回进出场地，工期应顺延，并支付乙方停工费、窝工费（金额按预算的平均工日产值计算）和来回进出场费（按实际发生计算）。甲方若要求在合同规定时间内提前完工（或提交勘查成果资料）时，甲方应按每提前一天向乙方支付_____元计算赶工费。

3.9 甲方收到乙方提交的地质灾害勘查成果后，_____日内组织审查。若未按规定时间组织审查，视为乙方完成合同约定的所有工作内容。

4 承接方（乙方）义务与责任

4.2 乙方应按照甲方要求，在勘查合同签订后_____日内完成勘查设计书的编制，并按甲方组织审查通过的勘查设计书进行勘查工作。

乙方完成勘查工作后_____日内,应当向甲方提交书面验收通知,由甲方组织专家进行验收。甲方或甲方上级主管部门要求乙方整改的,乙方应当无条件进行整改,并在甲方及甲方上级主管部门验收合格通过后_____日内,乙方应当按照甲方要求向甲方提交经甲方组织审查通过的合格勘查成果。提交成果文件的时间及数量如下:

4.2.1 乙方应当于合同签订后_____日内进场,_____日内向甲方提交合格的勘查成果报告。

4.2.2 勘查成果报告_____份,电子光盘_____份。超过份数另行计费,每份_____元。

4.3 在勘查工作中,乙方应认真做好原始记录,及时整理、核实、校对勘查资料,妥善保管岩芯样品,相关原始记录、岩芯样品等应当在提交勘查成果报告之时一并提交甲方。

4.6 根据项目情况组建勘查项目组并配备足够的工程技术人员。项目负责人应具备相关专业技术职称,并具有从事地质灾害防治勘查工作相关的工作经验。乙方应当将项目组成员的联系方式和人员履历、资质证明文件等交甲方备案。

4.7 由于乙方提供的地质灾害勘查成果资料质量不合格,乙方应负责无偿给予补充完善使其达到质量合格;若乙方无力补充完善,需另委托其他单位时,乙方应承担全部勘查费用。若因乙方工作人员严重不负责任,出具的工程地质勘查报告等证明文件有重大失实,造成重大经济损失或工程事故时,乙方除应根据损失程度向甲方支付赔偿金外,甲方有权向公安机关举报,提出依照《中华人民共和国刑法》第二百二十九条第三款和第二百三十一条的规定,以出具证明文件重大失实罪追究乙方直接负责人员的刑事责任。

4.11 乙方应参加施工验槽等后期服务。

4.12 乙方应按甲方要求进行资料归档。

5 违约与赔偿

5.1 甲方的违约责任

5.1.2 甲方未按本合同规定向乙方支付勘查费,应向乙方支付违约金,违约金按日按应付金额的_____计取,违约金总额不超过暂定勘查费的_____%。

5.1.3 合同履行期间,由于工程停建或甲方要求解除合同时,乙方未进行勘查工作的,不退还甲方已付的款项;已进行勘查工作的,完成的工作量在50%以内时,甲方应向乙方支付暂定额50%的勘查费,计_____元;完成的工作量超过50%时,则应向乙方支付暂定额100%的勘查费。

5.2 乙方的违约责任

5.2.1 乙方因发生通用条款中_____违约情况,应向甲方支付违约金,违约金按_____计取,违约金总额不超过暂定勘查费的_____%。

乙方延期完成勘查工作的,应当按日按勘查费用的_____%向甲方支付违约金,违约金累计计算。

乙方承诺,在本合同履行期间内,乙方人员与甲方之间不构成任何劳动、雇佣等关系。乙方应与其工作人员签订劳动合同,为其购买社会保险,确保其工作人员的人身和财产安全。

由于乙方履行本合同的行为存在瑕疵或者乙方勘查过程当中造成第三方损害等可归咎于乙方的原因,导致甲方遭受任何第三方追诉、索赔的,甲方有权要求乙方承担赔偿责任。

乙方违反保密义务规定,对外泄露甲方提供的信息、材料或者勘查报告、勘查成果等的,应当向甲方赔偿违约金人民币_____万元整。甲方有权解除本合同。

6 变更与索赔

6.1 勘查过程中发生变更,甲方在收到通知后_____日内给予答复,逾期不答复的,视为同意变更。

6.2 勘查过程中发生变更,乙方在收到通知后_____日内给予答复,逾期不答复的,视为同意变更。

7 勘查费用结算

7.1 勘查结算时间

乙方向甲方提交合格勘查成果后_____日内,双方进行勘查费用结算。

7.2 结算原则

7.2.1 依据甲方审查通过的勘查设计书、甲乙双方约定的取费标准,按现场监理和甲方现场代表签字认可的实际完成工作量据实结算。

7.2.2 其他费用约定:

(1)利用既有勘查资料编制地质灾害勘查报告技术工作费的计费依据:_____。

(2)_____。

8 不可抗力的通知

如有不可抗力持续发生的,合同一方当事人应及时向合同另一方当事人提交中间报告,说明不可抗力和履行合同受阻的情况,并于不可抗力时间结束_____天内提交最终报告及有关资料。

9 合同解除

本合同解除之日起_____日内,乙方应当向甲方提交所有勘查文件和资料。

10 争议的解决

本合同在履行过程中发生争议,甲、乙双方可提请_____进行调解。合同协商或调解未果时,可以选择以下第_____方式解决:

(1)向_____仲裁委员会申请仲裁;

(2)向_____人民法院提起诉讼。

11 其他条款

新方法新工艺费用的约定:_____。

T/CAGHP 043—2018

附 录 B
（资料性附录）
地质灾害防治工程设计合同范本

第一部分　合同协议书

发包人（以下简称甲方）：＿＿＿＿＿＿＿＿＿＿＿＿＿＿＿＿＿＿＿＿＿
承包人（以下简称乙方）：＿＿＿＿＿＿＿＿＿＿＿＿＿＿＿＿＿＿
合同编号：＿＿＿＿＿＿＿＿＿＿＿＿＿＿＿＿＿＿＿
合同名称：＿＿＿＿＿＿＿＿＿＿＿＿＿＿＿＿＿＿＿

根据国家及地方法律、法规，甲方委托乙方承担＿＿＿＿＿＿＿＿＿＿＿＿的设计任务，经甲乙双方协商一致，签订本合同，共同遵守执行。

1 工程概况

1.1　工程名称：＿＿＿＿＿＿＿＿＿＿＿＿＿＿＿＿＿＿＿＿＿＿＿＿＿＿＿＿＿＿＿＿＿＿＿＿＿＿＿。
1.2　工程地点：＿＿＿＿＿＿＿＿＿＿＿＿＿＿＿＿＿＿＿＿＿＿＿＿＿＿＿＿＿＿＿＿＿＿＿＿＿＿＿。
1.3　工程规模：＿＿＿＿＿＿＿＿＿＿＿＿＿＿＿＿＿＿＿＿＿＿＿＿＿＿＿＿＿＿＿＿＿＿＿＿＿＿＿。

2 词语限定

本协议书中的词语含义与下述通用合同条款和专用合同条款中的词语含义相同。

3 下列文件均为本合同的组成部分

3.1　本合同协议书。
3.2　中标通知书、投标函及其附录（如有）。
3.3　本合同专用条款。
3.4　本合同通用条款。
3.5　本合同附件。
3.6　双方确认需进入合同的其他文件。

在合同订立及履行过程中形成的与合同有关的文件均构成合同文件组成部分。

上述各项合同文件包括合同当事人就该项合同文件所做出的补充和修改属于同一类内容的文件，应以最新签署的为准。专用合同条款及其附件须经合同当事人签字或盖章。

4 合同价款、收费标准

4.1 合同金额

本项目设计费暂定为人民币（大写）＿＿＿＿＿＿＿＿元（￥＿＿＿＿＿＿＿＿元），最终费用以附录 B 第三部分第 8 条为准。

4.2 收费标准

本地质灾害防治工程设计费按国家规定的现行收费标准＿＿＿＿＿＿＿＿＿＿计取费用；国家规定的收费标准中没有规定收费标准的项目，由甲、乙双方另行议定。

5 事项优先

本协议书中有关词语含义与本合同第二部分《通用合同条款》中分别赋予它们的含义相同。《专用合同条款》中没有具体约定的事项，均按《通用合同条款》执行。

6 甲、乙双方承诺

6.1 乙方向甲方承诺在本合同约定时间内完成合同规定的任务，履行本合同规定的全部义务。

6.2 甲方向乙方承诺按本合同约定期限和方式支付合同价款及其他应当支付的款项，履行本合同规定的全部义务。

7 保密

双方均应保护对方的知识产权，未经对方同意，任何一方均不得将对方的资料及文件擅自修改、复制或向第三人转让或用于本合同项目外的项目。如发生以上情况，泄密方承担一切由此引起的后果并承担赔偿责任。

8 合同效力及其他

本合同自甲、乙双方法定代表人或其委托的代理人签字、单位盖章后生效。

9 合同份数

本合同一式＿＿＿＿＿份，甲方＿＿＿＿＿份，乙方＿＿＿＿＿份，主管部门＿＿＿＿＿份，具有同等法律效力。

甲方（盖章）：　　　　　　　　　　　　乙方（盖章）：
法定代表人（签字）：　　　　　　　　　法定代表人（签字）：
委托代理人（签字）：　　　　　　　　　委托代理人（签字）：
地　　址：　　　　　　　　　　　　　　地　　址：
电　　话：　　　　　　　　　　　　　　电　　话：
传　　真：　　　　　　　　　　　　　　传　　真：
开户银行：　　　　　　　　　　　　　　开户银行：
银行帐号：　　　　　　　　　　　　　　银行帐号：
签约地点：
签约日期：

T/CAGHP 043—2018

第二部分 通用合同条款

1 一般约定

1.1 定义与解释

下列词语除专用条款另有约定外,应具有本条所赋予的定义。

1.1.1 "通用条款":是根据法律、行政法规规定及建设工程设计的需要订立,通用于工程设计的条款。

1.1.2 "专用条款":是甲方与乙方根据法律、行政法规规定,结合具体工程实际,经协商达成一致意见的条款,是对通用条款的具体化、补充或修改。

1.1.3 "发包人"(甲方):指在协议书中约定,具有工程发包工程和支付工程价款能力的当事人以及取得该当事人资格的合法继承人。

1.1.4 "承包人"(乙方):指在协议书中约定,被甲方接受的具有地质灾害防治工程设计经验并取得相应工程设计资质等级证书及资格的当事人以及取得该当事人资格的合法继承人。

1.1.5 "工程":指甲方和乙方在协议书中约定的承包范围内的工程。

1.1.6 "设计费":指甲方和乙方在协议书中约定,甲方用以支付乙方按照合同约定完成承包范围内全部工程并承担质量保修责任的款项。

1.1.7 "追加合同价款":指在合同履行中发生需要增加合同价款的情况.经甲方确认后按计算合同价款的方法增加的合同价款。

1.1.8 "费用":指不包含在合同价款之内的应当由甲方或乙方承担的经费支出。

1.1.9 "工期":指甲方和乙方在协议书中约定,按总日历天数(包括法定节假日)计算完成工程的日期。

1.1.10 "交付日期":指甲方和乙方在协议书中约定乙方完成承包范围内工程的绝对或相对的日期。

1.1.11 "图纸":指由乙方向甲方提供送审或经审查通过的设计文件(包括配套说明和有关资料)。

1.1.12 "变更":系指经甲方同意,设计单位作出的对报告或图纸的改变。

1.1.13 "书面形式":指合同书、信件和数据电文(包括电报、电传、传真、电子数据交换和电子邮件)等可以有形地表现所载内容的形式。

1.1.14 "违约责任":指合同一方不履行合同义务或履行合同义务不符合约定所应承担的责任。

1.1.15 "索赔":指在合同履行过程中,对于并非自己的过错,而是应由对方承担责任的情况造成的实际损失,向对方提出经济补偿和(或)工期顺延的要求。

1.1.16 "不可抗力":指不能预见、不能避免并不能克服的客观情况。

1.1.17 "小时或天":本合同中规定按小时计算时间的,从事件有效开始时计算(不扣除休息时间);规定按天计算时间的,开始当天不计入,从次日开始计算。时限的最后一天是休息日或者其他法定节假日的,以节假日次日为时限的最后一天。时限的最后一天的截止时间为当日24:00。

1.2 合同文件的解释顺序

构成本合同的文件可视为是能互相说明的,如果合同文件存在歧义或不一致,则根据如下优先次序来判断:

1.2.1 合同书及补充协议。

1.2.2 中标函(文件)。

1.2.3 招标文件。
1.2.4 甲、乙双方作为附件的书面要求及委托书。
1.2.5 投标文件。
1.2.6 双方认可的传真、会议纪要等。
1.2.7 其他。

1.3 严禁贿赂

合同当事人不得以贿赂或变相贿赂的方式，谋取非法利益或损害对方权益。因合同一方当事人的贿赂造成对方损失的，应赔偿损失，并承担相应的法律责任。

2 设计依据

2.1 本设计合同。
2.2 甲方提交的基础资料及相关文件。
2.3 中标文件或甲方委托书。
2.4 专用合同约定的其他文件。
2.5 乙方采用的主要技术标准及要求如下：
2.5.1 适用于工程的国家标准、行业标准、工程所在地的地方性标准，以及相应的规范、规程等。
2.5.2 甲方提出的设计有关技术标准。
2.5.3 经甲方审查同意或投标文件中的地质灾害设计委托书。
2.5.4 专用条款约定的其他技术标准和要求。

3 甲方的权利与义务

3.1 甲方应严格履行基本建设程序，根据本工程的具体情况和技术要求，确定合理的工作量及合理的设计周期，并应按本合同有关约定及时向乙方支付设计费。

3.2 甲方委托任务时，必须以书面形式向乙方明确设计任务及设计技术标准。

3.3 甲方应按本合同第三部分第3条规定的内容和时间向乙方提交基础资料及文件，并对其真实性、有效性及时限负责。甲方不得要求乙方违反本合同第三部分第2条中有关标准进行设计。

3.4 乙方进入现场进行踏勘作业时，甲方应为乙方完成地质灾害设计工作提供必要的工作条件，并负责协调地质灾害设计工作中所涉及的外部关系，并承担其费用。

3.5 甲方应组织专家或委托咨询单位对设计成果和为了满足设计需要而进行的各种成果进行审查，并对乙方在贯彻落实审查意见时提出的有关问题及时予以认真解答。

3.6 设计服务过程中非乙方原因造成的变更，经办理正式变更手续后，甲方应支付变更费用。

3.7 甲方不应对乙方提出不符合工程安全生产法律、法规和工程建设强制性标准规定的要求。甲方不应随意压缩合同规定的设计周期。

3.8 由于甲方原因造成乙方停工、窝工，除工期顺延外，甲方应支付停工费、窝工费。

3.9 甲方应在专用条款约定的时间内，对乙方以书面形式提交并要求作出决定的事宜给予书面答复。逾期未答复的，视为甲方认可。

3.10 甲方应保护乙方的投标书、设计方案、报告书、文件、资料图纸、数据、特殊工艺（方法）、专利技术和合理化建议，未经乙方同意，甲方不得复制，不得泄露，不得擅自修改、传送或向第三人转让或用于本合同外的项目；如发生上述情况，甲方应负法律责任，乙方有权索赔。

3.11 本合同有关条款规定和补充协议中甲方应负的其他义务与责任。

3.12 本合同中有关条款和补充协议中规定的甲方责任。

4 乙方的权利与义务

4.1 乙方应按照国家(行业)的现行标准、规范(程)和甲方的任务委托书及技术要求进行各阶段的地质灾害防治工程设计,设计成果应满足有关规定要求,资料真实、准确、可靠。

4.2 乙方应按国家规定和本合同第三部分第 2 条约定的技术规范、标准进行设计,按本合同第三部分第 4 条约定的内容、时间、份数及质量向甲方交付设计成果文件,并对以上文件、资料的准确性、真实性和科学性负责,设计合理使用年限应符合国家有关规定。

4.3 乙方应当在本协议签订之后组建设计项目组,设计项目组组成人员必须具备法定设计资质,乙方应当将项目组成员的联系方式和人员履历、资质证明文件等交甲方备案。

4.4 乙方提交的设计成果不合格,应按专用条款约定承担相应责任。

4.5 地质灾害防治工程设计过程中,根据现场工程的地质条件及技术规范要求,向甲方提出增减工作量或修改设计工作的意见,并办理正式变更手续。

4.6 乙方不得将甲方委托其进行的设计工作进行任何形式的转包。发现有转包情形的,甲方有权解除设计合同。

4.7 在设计阶段,为满足工程需要,乙方应安排有关专业人员在工程现场了解地质情况并处理设计问题,开展技术服务等工作。根据进度和甲方要求,乙方应派相关专业人员参与技术交流、提供技术服务等,所产生费用由乙方自行承担。甲方要求乙方参与外出技术交流、咨询、采购服务等,所发生费用由甲方负责。

4.8 乙方应履行必要的后期服务。

4.9 乙方应对甲方提供的所有文件材料、信息、数据等承担保密义务,直至该等信息被公开为止。

4.10 甲方应对乙方提供的所有文件材料、信息、数据等承担保密义务,直至该等信息被公开为止。设计成果未经甲方许可,不得向第三方提供设计资料和将内容公开发表。

4.11 乙方在进行设计时,应采取相应的安全、保卫和环境保护措施,如乙方未能采取有效的措施而发生的与设计活动有关的人身伤亡、罚款、索赔、损失赔偿、诉讼费用及其他一切责任应由乙方负责。乙方设计人员的工资福利、社保待遇以及人身和财产安全由乙方负责。

4.12 乙方交付设计文件后,按规定配合甲方参加相关设计成果的咨询、评估、审查上报工作,并根据审查结论负责不超出原定范围内容做出必要调整补充。乙方负责向甲方及施工单位进行技术交底,施工过程中处理有关设计问题和技术指导,根据施工现场情况对设计文件进行合理修改、变更和优化设计,参加竣工验收并按上级主管部门和甲方的要求完善相关设计验收文件。

4.13 乙方负责对设计成果文件中出现的遗漏和错误采取修改和补充等有关补救措施。

4.14 本合同中有关条款和补充协议中规定的乙方责任。

5 违约与赔偿

5.1 甲方的违约

5.1.1 由于甲方变更设计项目、规模、条件或未按合同规定提供设计必需的资料而造成设计任务的返工、停工、窝工,甲方应按乙方实际消耗的工作量支付费用;由于甲方要求提前完成设计工作而导致增加的人员和费用,应另行计列。

5.1.2 甲方超过合同规定的日期支付费用的,应偿付逾期的违约金。偿付办法与金额按专用条款规定办理。

5.1.3 在合同履行期间,甲方要求解除合同的(但并非乙方原因造成),甲方除应按乙方完成的实际工作量支付费用外,还应按专用条款的约定支付违约金。

5.2 乙方的违约

在履行合同过程中发生下列任何一种情况,均属乙方违约,甲方有权解除设计合同:

5.2.1 乙方将设计任务转包。

5.2.2 乙方未按照本合同规定的强制性技术标准、规范和规程进行设计。

5.2.3 乙方未能按期提交设计成果(甲方同意延长期限的除外)。

5.2.4 在收到甲方或上级主管部门提出的审查意见后,乙方未在专用合同条款规定的期限内完成对设计成果报告的修改。

5.2.5 因设计深度不够、资料不足、方案缺陷以及设计质量低劣而被要求返工从而造成质量问题。

5.2.6 乙方未履行必要的后续服务。

5.2.7 因设计错误而造成质量一般以上事故。

5.2.8 因设计深度不够、资料不足、方案缺陷以及设计质量低劣未通过上级主管部门的审查。

5.2.9 由于乙方的过失或责任造成本项目施工工期拖延或者给甲方造成经济损失。

5.2.10 专用合同条款中约定的乙方其他违约情况。

乙方发生本款约定的违约情况时,无论甲方是否解除合同,甲方均有权向乙方索取专用合同条款中规定的违约金,并由甲方将其违约行为上报上级主管部门。

5.3 免责条款

5.3.1 甲、乙双方非自身过错,发生安全事故、工期延误等,不承担责任。

5.3.2 因不可抗力导致本合同全部或部分不能履行时,双方各自承担其因此而造成的损失、损害。

6 设计变更

6.1 地质灾害防治工程应遵循动态设计的原则,因非甲、乙双方原因导致的,乙方应根据法律法规及相关规范进行变更,所产生的设计变更费用由甲方承担。

6.2 甲方有权要求乙方根据法律法规及相关规范对设计作出变更,所产生的设计变更费用由甲方承担。

6.3 由乙方原因导致设计变更及重新编制设计时,乙方不得收取设计变更费用。

6.4 设计变更的精度及质量应与原设计相同。

7 变更与索赔

7.1 设计过程中发生变更,导致合同工期和设计内容发生变化,超出经甲方委托书的内容时,乙方应当以书面形式及时通知甲方,同时提交由于变化导致工程造价及设计费用变更的说明,甲方应按专用条款约定的时间给予答复,逾期不答复,视为同意变更。

7.2 设计过程中发生变更,导致合同工期和设计内容发生变化,甲方要求乙方超出经甲方提出的委托书的内容提供设计服务的,应当以书面形式及时通知乙方,乙方应按专用条款约定的时间给予答复,逾期不答复的,视为同意变更。

8 设计费用支付

8.1 设计费用支付时间

按专用条款约定的时间进行结算。

8.2 支付原则

按专用条款约定的结算原则进行结算。

8.3 设计费用内容

支付的设计费用包括正常的设计工作费用、变更增加的设计工作费用、其他应由甲方承担的费用。

9 不可抗力

9.1 不可抗力的确认

9.1.1 不可抗力是指合同当事人在签订合同时不可预见,在合同履行过程中不可避免且不能克服的自然灾害和社会性突发事件,如地震、海啸等和专用条款中约定的其他情形,还包括地质灾害体状态发生变化。

9.1.2 不可抗力发生后,甲方和乙方应收集证明不可抗力发生及不可抗力造成损失的证据,并及时认真统计所造成的损失。合同当事人对是否属于不可抗力或其损失的意见不一致的,按本合同专用条款"商定或确定"的约定处理。发生争议时,按合同专用条款"争议解决"的约定处理。

9.2 不可抗力的通知

合同一方当事人遇到不可抗力事件,使其履行合同义务受到阻碍时,应立即书面通知合同另一方当事人,书面说明不可抗力和受阻碍的详细情况,并提供必要的证明。

9.3 不可抗力后果的承担

9.3.1 不可抗力引起的后果及造成的损失由合同当事人按照法律规定及合同约定各自承担。

9.3.2 不可抗力发生后,合同当事人均应采取措施尽量避免和减少损失的扩大,任何一方当事人没有采取有效措施导致损失扩大的,应对扩大的损失承担责任。

9.3.3 因合同一方当事人延迟履行合同义务,在延迟履行期间遭遇不可抗力的,不免除其违约责任。

10 合同解除

10.1 由于乙方原因,导致甲方解除本合同的,甲方有权不支付剩余的设计费用,且不免除由于乙方原因,导致甲方或者任何第三方造成的损失赔偿责任。

10.2 因不可抗力导致合同无法履行的,甲方和乙方均有权解除合同。合同解除后,由双方当事人按照合同的相关规定,确定甲方应支付的款项。

10.3 除专用合同条款另有约定外,合同解除后,甲方应在确定应支付款项后28个日历天内完成合同规定剩余全部款项的支付。

11 争议的解决

11.1 本合同履行过程中发生争议,由当事人双方协商解决,也可由主管部门或合同争议调解机构调解。协商或调解未果时,当事人可向人民法院起诉或申请仲裁机构仲裁。

11.2 在争议协商、调解、仲裁或起诉过程中,双方仍应继续履行本合同约定的责任和义务。

12 其他条款

鼓励乙方在设计过程中使用新方法、新工艺,但乙方不得由此降低设计成果质量。

13 通知要求

13.1 一方在得知可能造成工程延误或中断或可能导致额外费用索赔的情况时，应尽快通知对方。乙方应采取所有合理措施将影响降至最低。

13.2 非因乙方原因造成的工程延误、停（缓）建和或可能导致额外费用索赔的情况，乙方有权获得竣工时间的延长期或额外设计费用。

T/CAGHP 043—2018

第三部分 专用合同条款

1 一般约定

1.1 定义与解释

1.1.16 不可抗力的确认

除通用合同条款约定的不可抗力事件之外，视为不可抗力的其他情形：_____。

1.2 合同文件的优先顺序

合同文件的优先顺序应按以下顺序排列：_____。

2 设计依据

2.4 甲乙双方约定的通用条款以外的相关依据：

（1）_____；

（2）_____。

2.5.1 适用于工程的标准规范包括：

（1）_____；

（2）_____。

2.5.4 甲方对工程的其他技术标准和要求：

（1）_____；

（2）_____；

（3）工程造价主要取费标准_____。

3 甲方的义务与责任

3.1 甲方应向乙方明确设计阶段，并提供如下资料：

序号	资料名称	数量	时间	备注
1	项目立项及批复文件			
2	地下管线、地下构筑物等地下埋藏物资料			
3	勘查报告			
⋮				

若因甲方未提供以上资料或资料不准确，致使乙方在设计工作过程中及后期施工过程中发生人身伤害或造成经济损失时，由甲方承担相应责任。

甲方提供本合同上表中任何一项资料及文件超过规定期限之后_____天的，乙方提交设计成果文件的时间按照推迟期日顺延；超过规定期限_____天以上时，乙方有权要求与甲方签订补充协议重新确定提交后续成果文件的时间。

3.4 甲方应及时为乙方提供踏勘现场的工作条件并解决踏勘现场出现的问题，并承担所产生的费用。

3.8 由于甲方原因造成乙方停工、窝工或来回进出场地，工期应顺延，并支付乙方停工费、窝工费

(金额按预算的平均工日产值计算)和来回进出场费(按实际发生计算)。甲方若要求在合同规定时间内提前完工(或提交设计成果资料)时,甲方应按每提前一天向乙方支付_____元计算赶工费。

3.9 甲方收到乙方提交的地质灾害防治工程设计成果后,_____日内组织审查。若未按规定时间组织审查,视为乙方完成合同约定所有工作内容。

4 乙方的义务与责任

4.1 乙方工作阶段及内容

序号	设计阶段及其深度	备注
1		
2		
3		
4		

4.2 设计成果

乙方完成设计工作后_____日内,应当向甲方提交书面通知申请审查,并在审查通过后,提交经甲方组织审查通过的合格设计成果。提交成果文件的时间及数量如下:

序号	阶段	成果名称(包含且不限于以下内容)	份数	
			纸质资料	电子资料
1				
2				
3				
4				

设计成果的交付地点为:_____。

超出以上资料数量的资料份数,按_____元/套计费,纸质资料和电子资料分开计算。

4.6 根据项目情况组建设计项目组并配备足够的工程技术人员。项目负责人应具备相关专业技术职称,并具有从事地质灾害防治工程设计工作相关的工作经验。乙方应当将项目组成员的联系方式和人员履历、资质证明文件等交甲方备案。

4.7 由于乙方提供的地质灾害防治工程设计成果资料质量不合格,乙方应负责无偿给予补充完善使其达到质量合格;若乙方无力补充完善,需另委托其他单位时,乙方应承担全部设计费用。若因乙方工作人员严重不负责任,出具的设计报告等证明文件有重大失实,造成重大经济损失或工程事故时,乙方除应根据损失程度向甲方支付赔偿金外,甲方有权向公安机关举报,提出依照《中华人民共和国刑法》第二百二十九条 第三款和第二百三十一条的规定,以出具证明文件重大失实罪追究乙方直接负责人员的刑事责任。

4.11 乙方应参加施工验槽、设计变更、_____等后期服务。

4.12 乙方应按甲方要求进行资料归档。

5 违约与赔偿

5.1 甲方的违约责任

5.1.1 因甲方变更委托设计范围、设计项目、规模、条件,以致造成乙方设计返工时,设计工期顺延,双方可另行协商签订补充协议(或另订合同),甲方应按乙方所耗工作量并参照中标价格向其支付返工费。甲方要求乙方提前交付成果文件时,须征得乙方同意,并不得背离合理设计周期,甲方应与乙方协商并于_____日内支付赶工费。

5.1.2 甲方未按本合同规定向乙方支付设计费,应向乙方支付违约金,违约金按日按应付金额的_____计取,违约金总额不超过暂定设计费的_____%。

5.1.3 合同履行期间,由于工程停建或甲方要求解除合同时,乙方未进行设计工作的,不退还甲方已付的款项;已进行设计工作的,完成的工作量在50%以内时,甲方应向乙方支付暂定额50%的设计费,计_____元;完成的工作量超过50%时,则应向乙方支付暂定额100%的设计费。

5.2 乙方的违约责任

5.2.1 乙方因发生通用条款中_____违约情况,应向甲方支付违约金,违约金按_____计取,违约金总额不超过暂定设计费的_____%。

乙方延期完成设计工作的,应当按日按照设计费用的_____%向甲方支付违约金,违约金累计计算。

乙方承诺,在本合同履行期间内,乙方人员与甲方之间不构成任何劳动、雇佣等关系。乙方应与其工作人员签订劳动合同,为其购买社会保险,确保其工作人员的人身和财产安全。

由于乙方履行本合同的行为存在瑕疵或者乙方设计过程当中造成第三方损害等可归咎于乙方的原因,导致甲方遭受任何第三方追诉、索赔的,甲方有权要求乙方承担赔偿责任。

乙方违反保密义务规定,对外泄露甲方提供的信息、材料或者设计成果等的,应当向甲方赔偿违约金人民币_____万元整。甲方有权解除本合同。

6 设计变更

6.1 设计变更中设计费的取费按本合同第三部分第8条执行。

7 变更与索赔

7.1 设计过程中发生变更,甲方在收到通知后_____日内给予答复,逾期不答复的,视为同意变更。

7.2 设计过程中发生变更,乙方在收到通知后_____日内给予答复,逾期不答复的,视为同意变更。

8 设计费用支付

8.1 设计费支付时间

序号	时间或阶段	付款进度/%	支付费用/万元
1			
2			
合计			

设计经费来源为政府资金时,可延后支付,不构成甲方违约,但不得超过_____日历天。

乙方应当在甲方付款前_____个工作日内向甲方提交合法足额的发票。乙方未提交发票或者提交的发票不符合甲方要求的,甲方有权顺延付款时间,不构成甲方违约。

8.2 取费方式

8.2.1 本次设计取费采用以下第_____条方式进行,且保底费为_____万元:

(1)商定金额方式;
(2)批复金额方式;
(3)中标金额方式;
(4)其他方式。

本合同总费用为_____元人民币,其中设计收费为_____元人民币,审查费为_____元人民币。

8.2.2 费用增加

非乙方原因导致设计变更及重新编制设计时,应计取相应的设计费用,增加费用标准按照以下第_____条方式进行:

(1)商定金额方式;
(2)批复金额方式;
(3)中标金额方式;
(4)其他方式。

9 不可抗力的通知

不可抗力持续发生的,合同一方当事人应及时向合同另一方当事人提交中间报告,说明不可抗力和履行合同受阻的情况,并于不可抗力时间结束_____日内提交最终报告及有关资料。

10 合同解除

本合同解除之日起_____日内,乙方应当向甲方提交所有设计文件和资料。

11 争议的解决

本合同在履行过程中发生争议,甲乙双方可提请_____进行调解。合同协商或调解未果时,可以选择以下第_____方式解决:

(1)向_____仲裁委员会申请仲裁;
(2)向_____人民法院提起诉讼。

12 其他条款

新方法、新工艺费用的约定:_____。

附件 1

补充协议

（根据每个项目的不同情况，制定相应的符合实际的补充约定，诸如审查费、赶工费及甲乙双方未能履约的惩罚性措施等。）

附 录 C
（资料性附录）
地质灾害防治工程施工合同范本

第一部分 合同协议书

发包人（全称）：_____
承包人（全称）：_____
　　为了避免和减轻地质灾害造成的损失，维护人民生命和财产安全，促进经济和社会的可持续发展，根据《中华人民共和国合同法》《中华人民共和国政府采购法》《地质灾害防治条例》及有关法律规定，遵循公开透明、公平竞争、平等自愿和诚实信用原则，双方就_____地质灾害防治工程施工及有关事项协商一致，共同达成如下协议：

1　工程概况

1.1　工程名称：_____。
1.2　工程地点：_____。
1.3　工程内容：_____。
1.4　工程承包范围：_____。

2　合同工期

　　计划开工日期：_____年_____月_____日。
　　计划竣工日期：_____年_____月_____日。
　　工期总天数：_____天（以日历天数为准）。

3　质量标准

　　工程质量符合_____标准。

4　签约合同价与合同价格形式

4.1　合同价款：
　　人民币大写：_____元（¥_____元）；
　　其中，安全文明施工费：
　　人民币大写：_____元（¥_____元）。
4.2　合同价格形式：_____。

5　项目经理

　　承包人项目经理：_____，承包人技术负责人：_____。

6 合同文件构成

本协议书与下列文件一起构成合同文件：
(1)中标通知书或项目委托书(如果有)；
(2)投标函及其附录(如果有)；
(3)专用合同条款及其附件；
(4)通用合同条款；
(5)技术标准和要求；
(6)图纸；
(7)已标价工程量清单或预算书；
(8)其他合同文件。

在合同订立及履行过程中形成的与合同有关的文件均构成合同文件组成部分。

上述各项合同文件包括合同当事人就该项合同文件所作出的补充和修改属于同一类内容的文件，应以最新签署的为准。专用合同条款及其附件须经合同当事人签字盖章。

7 承诺

7.1 发包人承诺按照法律规定履行项目审批手续、筹集工程建设资金并按照合同约定的期限和方式支付合同价款。

7.2 承包人承诺按照法律规定及合同约定组织完成工程施工，确保工程质量和安全，不进行转包，并在缺陷责任期及保修期内承担相应的工程维修责任。

7.3 发包人和承包人通过招投标形式签订合同的，双方理解并承诺不再就同一工程另行签订与合同实质性内容相背离的协议。

8 词语含义

本协议书中词语含义与附录C第二部分通用合同条款中赋予的含义相同。

9 签订时间

本合同于_____年_____月_____日签订。

10 签订地点

本合同在_____签订。

11 补充协议

合同未尽事宜，合同当事人另行签订补充协议，补充协议是合同的组成部分。

12 合同生效

本合同自_____生效。

13 合同份数

本合同一式_____份，均具有同等法律效力，发包人执_____份，承包人执_____份。

发包人(公章)：　　　　　　　　　　　　　　承包人(公章)：
法定代表人或委托代理人(签字)：　　　　　　法定代表人或委托代理人(签字)：
地　　　址：　　　　　　　　　　　　　　　地　　　址：
电　　　话：　　　　　　　　　　　　　　　电　　　话：
电子邮箱：　　　　　　　　　　　　　　　　电子邮箱：
开户银行：　　　　　　　　　　　　　　　　开户银行：
账　　　号：　　　　　　　　　　　　　　　账　　　号：

T/CAGHP 043—2018

第二部分 通用合同条款

1 一般约定

1.1 术语和定义

1.1.1 合同协议书、通用合同条款、专用合同条款中的下列词语具有本款所赋予的含义：

1.1.1.1 "合同"：是指根据法律规定和合同当事人约定具有约束力的文件，构成合同的文件包括合同协议书、中标通知书（如果有）、投标函及其附录（如果有）、专用合同条款及其附件、通用合同条款、技术标准和要求、图纸、已标价工程量清单或预算书以及其他合同文件。

1.1.1.2 "合同协议书"：是指构成合同的由发包人和承包人共同签署的称为"合同协议书"的书面文件。除法律另有规定或合同另有约定外，发包人和承包人的法定代表人或其委托代理人在合同协议书上签字并盖单位章后，合同生效。

1.1.1.3 "中标通知书"：是指构成合同的由发包人通知承包人中标的书面文件。

1.1.1.3.1 "项目委托书"：是指一方将某一项目委托给另一方实施的书面文件。

1.1.1.4 "投标函"：是指构成合同的由承包人填写并签署的用于投标的称为"投标函"的文件。

1.1.1.5 "投标函附录"：是指构成合同的附在投标函后的称为"投标函附录"的文件。

1.1.1.6 "技术标准和要求"：是指构成合同的施工应当遵守的或指导施工的国家、行业或地方的技术标准和要求，以及合同约定的技术标准和要求。

1.1.1.7 "图纸"：是指构成合同的图纸，包括由发包人按照合同约定提供或经发包人批准的设计文件、施工图、鸟瞰图及模型等，以及在合同履行过程中形成的图纸文件。图纸应当按照法律规定审查合格。

1.1.1.8 "已标价工程量清单"：是指构成合同的由承包人按照规定的格式和要求填写并标明价格的工程量清单，包括说明和表格。

1.1.1.9 "预算书"：是指构成合同的由承包人按照发包人规定的格式和要求编制的工程预算文件。

1.1.1.10 "政府采购"：是指各级国家机关、事业单位和团体组织，使用财政性资金采购依法制定的集中采购目录以内的或者采购限额标准以上的货物、工程和服务的行为。

1.1.1.11 "采购"：是指以合同方式有偿取得货物、工程和服务的行为，包括购买、租赁、委托、雇用等。

1.1.1.12 "货物"：是指各种形态和种类的物品，包括原材料、燃料、设备、产品等。

1.1.1.13 "工程"：是指建设工程，包括建筑物和构筑物的新建、改建、扩建、装修、拆除、修缮等。

1.1.1.14 "服务"：是指除货物和工程以外的其他政府采购对象。

1.1.1.15 "其他合同文件"：是指经合同当事人约定的与工程施工有关的具有合同约束力的文件或书面协议。合同当事人可以在专用合同条款中进行约定。

1.1.2 合同当事人及其他相关方

1.1.2.1 "合同当事人"：是指发包人和（或）承包人。

1.1.2.2 "发包人"：是指与承包人签订合同协议书的当事人及取得该当事人资格的合法继承人，是地质灾害防治工程运营、管护责任人。

1.1.2.3 "承包人"：是指与发包人签订合同协议书的，具有相应工程施工承包资质的当事人及取得该当事人资格的合法继承人。

1.1.2.4 "监理人"：是指在专用合同条款中指明的，受发包人委托按照法律规定进行工程监督管理的法人或其他组织。

1.1.2.5 "设计人"：是指在专用合同条款中指明的，受发包人委托负责工程设计并具备相应工程设计资质的法人或其他组织。

1.1.2.6 "发包人代表"：是指由发包人任命并派驻施工现场在发包人授权范围内行使发包人权利的人。

1.1.2.7 "承包人项目经理"：是指由承包人任命并派驻施工现场，在承包人授权范围内负责合同履行，且按照法律规定具有相应资格的项目负责人。

1.1.2.8 "总监理工程师"：是指由监理人任命并派驻施工现场进行工程监理的总负责人。

1.1.2.9 "地质相关专业监理工程师"：是指由监理人任命并派驻地质灾害治理施工现场进行地质专业工程监理的负责人。

1.1.3 地质灾害防治工程和设备

1.1.3.1 "地质灾害防治工程"：是指与合同协议书中工程承包范围对应的永久工程和（或）临时工程。

1.1.3.2 "永久工程"：是指按合同约定建造并移交给发包人的工程，包括工程设备。

1.1.3.3 "临时工程"：是指为完成合同约定的永久工程所修建的各类临时性工程，不包括施工设备。

1.1.3.4 "单位工程"：是指在合同协议书中指明的，具备独立施工条件并能形成独立使用功能的永久工程。

1.1.3.5 "工程设备"：是指构成永久工程的机电设备、金属结构设备、仪器及其他类似的设备和装置。

1.1.3.6 "施工设备"：是指为完成合同约定的各项工作所需的设备、器具和其他物品，但不包括工程设备、临时工程和材料。

1.1.3.7 "施工现场"：是指用于工程施工的场所，以及在专用合同条款中指明作为施工场所组成部分的其他场所，包括永久占地和临时占地。

1.1.3.8 "临时设施"：是指为完成合同约定的各项工作所服务的临时性生产和生活设施。

1.1.3.9 "永久占地"：是指专用合同条款中指明为实施工程需永久占用的土地。

1.1.3.10 "临时占地"：是指专用合同条款中指明为实施工程需要临时占用的土地。

1.1.4 日期和期限

1.1.4.1 "开工日期"：包括计划开工日期和实际开工日期。计划开工日期是指合同协议书约定的开工日期；实际开工日期是指监理人按照本合同第9.3.2项［开工通知］约定发出的符合法律规定的开工通知中载明的开工日期。

1.1.4.2 "竣工日期"：包括计划竣工日期和实际竣工日期。计划竣工日期是指合同协议书中约定的竣工日期；实际竣工日期按照本合同第15.2.3项中［竣工日期］的约定确定。

1.1.4.3 "工期"：是指在合同协议书约定的承包人完成工程所需的期限，包括按照合同约定所作的期限变更。

1.1.4.4 "缺陷责任期"：是指承包人按照合同约定承担缺陷修复义务，且发包人预留质量保证金的期限，自工程实际竣工日期起计算。

1.1.4.5 "保修期"：是指承包人按照合同约定对工程承担保修责任的期限，从工程竣工验收合格之日起计算。

1.1.4.6 "基准日期"：招标发包的工程以投标截止日前28天的日期为基准日期，直接发包的工程以合同签订日前28天的日期为基准日期。

1.1.4.7 "天":除特别指明外,均指日历天。合同中按天计算时间的,开始当天不计入,从次日开始计算,期限最后一天的截止时间为当天24:00。

1.1.5 合同价格和费用

1.1.5.1 "签约合同价":是指发包人和承包人在合同协议书中确定的总金额,包括安全文明施工费、暂估价及暂列金额等。

1.1.5.2 "合同价格":是指发包人用于支付承包人按照合同约定完成承包范围内全部工作的金额,包括合同履行过程中按合同约定发生的价格变化。

1.1.5.3 "费用":是指为履行合同所发生的或将要发生的所有必需的开支,包括管理费和应分摊的其他费用,但不包括利润。

1.1.5.4 "暂估价":是指发包人在工程量清单或预算书中提供的用于支付必然发生但暂时不能确定价格的材料、工程设备的单价和专业工程以及服务工作的金额。

1.1.5.5 "暂列金额":是指发包人在工程量清单或预算书中暂定并包括在合同价格中的一笔款项,用于工程合同签订时尚未确定或者不可预见的所需材料、工程设备、服务的采购,施工中可能发生的工程变更、合同约定调整因素出现时的合同价格调整以及发生的索赔、现场签证确认等的费用。

1.1.5.6 "计日工":是指合同履行过程中,承包人完成发包人提出的零星工作或需要采用计日工计价的变更工作时,按合同中约定的单价计价的一种方式。

1.1.5.7 "质量保证金":是指按照本合同第17.3款[质量保证金]约定承包人用于保证其在缺陷责任期内履行缺陷修补义务的担保。

1.1.5.8 "总价项目":是指在现行国家、行业以及地方的计量规则中无工程量计算规则,在已标价工程量清单或预算书中以总价或费率形式计算的项目。

1.1.6 地质灾害

1.1.6.1 "地质灾害":是指包括自然因素或者人为活动引发的危害人民生命和财产安全的山体崩塌、滑坡、泥石流、地裂缝、地面沉降、采空塌陷、岩溶塌陷、砂土液化、不稳定斜坡等与地质作用有关的灾害。

1.1.6.1.1 "崩塌":岩(土)体离开母体崩落的现象。

1.1.6.1.2 "滑坡":斜坡(含边坡)上的土体和岩体沿某个面发生剪切破坏向坡下运动的现象。

1.1.6.1.3 "泥石流":大量泥沙、石块和水的混合体流动的现象。

1.1.6.1.4 "地裂缝":由于自然地质作用和人类工程活动造成的区域性的地面开裂现象。

1.1.6.1.5 "地面沉降":由于地下水开采引发松散土体压缩,导致地面标高降低的现象。

1.1.6.1.6 "采空塌陷":地下采矿活动引起的地面形变现象。

1.1.6.1.7 "岩溶塌陷":可溶性岩石或岩层在水作用下形成的塌落或沉陷现象。

1.1.6.1.8 "砂土液化":地表下一定深度内可液化的饱和土层在地震力的作用下产生的震动液化。

1.1.6.1.9 "不稳定斜坡":地表面倾向临空面、有一定坡度和厚度的岩土体,具有发生滑坡、错落、倾倒、崩塌、坍塌等潜在的地质灾害现象。

1.1.6.2 "地质灾害等级":是指按照人员伤亡、经济损失的大小分为4个等级,即

(1)特大型:因灾死亡30人以上或者直接经济损失1000万元以上的;
(2)大型:因灾死亡10人以上30人以下或者直接经济损失500万元以上1000万元以下的;
(3)中型:因灾死亡3人以上10人以下或者直接经济损失100万元以上500万元以下的;
(4)小型:因灾死亡3人以下或者直接经济损失100万元以下的。

1.1.6.3 "地质灾害防治相关专业":是指工程地质、环境地质、水文地质、岩土工程、探矿工程专业。

1.1.6.4 "地质灾害防治工程":是指通过有效的工程手段改变自然因素或人为活动诱发的对人民生命和财产安全造成危险的地质现象产生的过程,达到减轻灾害危害或防止灾害发生的目的,包括排水工程、抗滑桩工程、预应力锚索工程、格构锚固工程、重力挡墙工程、注浆加固工程、削方减载工程、回填压脚工程、植物防护工程等。

1.1.6.5 "地质灾害防治工程阶段划分":是指地质灾害调查、危险性评估、勘查、设计、施工、监理和监测7个阶段。

1.1.6.6 "地质灾害抢险":是指因自然因素或人为活动引发地质灾害险情时迅速抢救,以避免或减少损失的工作。

1.1.6.7 "地质灾害应急治理工程":是指为应对突然发生的因自然因素或人为活动引发的需要紧急处理的地质灾害治理工程。

1.1.6.8 "变形监测":是指对地表和地下一定深度范围内的岩土体与其上建筑物、构筑物的位移、沉降、隆起、倾斜、挠度、裂缝等微观现象,在一定时期内进行周期性的或实时的测量工作。

1.1.7 其他

"书面形式":是指合同文件、信函、电报、传真等可以有形地表现所载内容的形式。

1.2 语言文字

合同以中国的汉语简体文字编写、解释和说明。

1.3 法律

合同所称法律是指中华人民共和国法律、行政法规、部门规章,以及工程所在地的地方性法规、自治条例、单行条例和地方政府规章等。

1.3.1 地质灾害防治工程法律法规

包括《中华人民共和国合同法》《中华人民共和国政府采购法》《中华人民共和国突发事件应对法》《中华人民共和国建筑法》《地质灾害防治条例》《生产安全事故报告和调查处理条例》。

1.4 标准和规范

1.4.1 适用于工程的国家标准、行业标准、工程所在地的地方性标准,以及相应的规范、规程等,合同当事人有特别要求的,应在专用合同条款中约定。

1.4.2 地质灾害防治工程制度

包括《地质灾害危险性评估单位资质管理办法》《地质灾害治理工程勘查设计施工单位资质管理办法》《地质灾害治理工程监理单位资质管理办法》《国家突发地质灾害应急预案》《国家突发公共事件总体应急预案》《关于进一步完善地质灾害速报制度和月报制度的通知》《崩塌、滑坡、泥石流监测规范》(DZ/T 0221—2006)、《滑坡防治工程设计与施工技术规范》(DZ/T 0219—2006)。

1.5 合同文件的优先顺序

组成合同的各项文件应互相解释,互为说明。除专用合同条款另有约定外,解释合同文件的优先顺序如下:

(1)合同协议书;
(2)中标通知书或项目委托书;
(3)投标函及其附录;
(4)专用合同条款及其附件;
(5)通用合同条款;
(6)技术标准和要求;

(7)图纸;

(8)已标价工程量清单或预算书;

(9)其他合同文件。

上述各项合同文件包括合同当事人就该项合同文件所作出的补充和修改属于同一类内容的文件,应以最新签署的为准。

在合同订立及履行过程中形成的与合同有关的文件均构成合同文件组成部分,并根据其性质确定优先解释顺序。

1.6 图纸和承包人文件

1.6.1 图纸的提供和交底

发包人应按照专用合同条款约定的期限、数量和内容向承包人免费提供图纸,并组织承包人、监理人、勘查人和设计人进行图纸会审和设计交底。发包人最迟不得晚于本合同第9.3.2项[开工通知]载明的开工日期前14天向承包人提供图纸。

因发包人未按合同约定提供图纸导致承包人费用增加和(或)工期延误的,按照本合同第9.5.1项[因发包人原因导致工期延误]约定办理。

1.6.2 图纸的错误

承包人在收到发包人提供的图纸后,发现图纸存在差错、遗漏或缺陷的,应及时通知监理人。监理人接到该通知后,应附具相关意见并立即报送发包人,发包人应在收到监理人报送的通知后的合理时间内做出决定。合理时间是指发包人在收到监理人的报送通知后,尽其努力且不懈怠地完成图纸修改补充所需的时间。

1.6.3 图纸的修改和补充

图纸需要修改和补充的,应经图纸原设计人及审批部门同意,并由监理人在工程或工程相应部位施工前将修改后的图纸或补充图纸提交给承包人,承包人应按修改或补充后的图纸施工。

1.6.4 承包人文件

承包人应按照专用合同条款的约定提供应当由其编制的与工程施工有关的文件,并按照专用合同条款约定的期限、数量和形式提交监理人,并由监理人报送发包人。

除专用合同条款另有约定外,监理人应在收到承包人文件后7天内审查完毕,监理人对承包人文件有异议的,承包人应予以修改,并重新报送监理人。监理人的审查并不减轻或免除承包人根据合同约定应当承担的责任。

1.6.5 图纸和承包人文件的保管

除专用合同条款另有约定外,承包人应在施工现场另外保存一套完整的图纸和承包人文件,供发包人、监理人及有关人员进行工程检查时使用。

1.7 联络

与合同有关的通知、批准、证明、证书、指示、指令、要求、请求、同意、意见、确定和决定等,均应采用书面形式,并应在合同约定的期限内送达接收人和送达地点。

发包人和承包人应在专用合同条款中约定各自的送达接收人和送达地点。任何合同一方当事人指定的接收人或送达地点发生变动的,应提前3天以书面形式通知对方。

发包人和承包人应当及时签收另一方送达至送达地点和指定接收人的来往信函。拒不签收的,由此增加的费用和(或)延误的工期由拒绝接收一方承担。

1.8 严禁贿赂

合同当事人不得以贿赂或变相贿赂的方式,谋取非法利益或损害对方权益。因合同一方当事人的贿赂造成对方损失的,应赔偿损失,并承担相应的法律责任。

承包人不得与监理人或发包人聘请的第三方串通损害发包人利益。未经发包人书面同意,承包人不得为监理人提供合同约定以外的通讯设备、交通工具及其他任何形式的利益,不得向监理人支付报酬。

1.9 化石、文物

在地质灾害防治工程施工现场发掘的所有文物、古迹以及具有地质研究或考古价值的其他遗迹、化石、钱币或物品属于国家所有。一旦发现上述文物,承包人应采取合理有效的保护措施,防止任何人员移动或损坏上述物品,并立即报告有关政府行政管理部门,同时通知监理人。

发包人、监理人和承包人应按有关政府行政管理部门要求采取妥善的保护措施,由此增加的费用和(或)延误的工期由发包人承担。

承包人发现文物后不及时报告或隐瞒不报,致使文物丢失或损坏的,应赔偿损失,并承担相应的法律责任。

1.10 交通运输

1.10.1 出入现场的权利

除专用合同条款另有约定外,发包人应根据地质灾害防治工程施工需要,负责取得出入施工现场所需的批准手续和全部权利,以及取得因施工所需修建道路、桥梁以及其他基础设施的权利,并承担相关手续费用和建设费用。承包人应协助发包人办理修建场内外道路、桥梁以及其他基础设施的手续。

承包人应在订立合同前踏勘施工现场,并根据工程规模及技术参数合理预见工程施工所需的进出施工现场的方式、手段、路径等。因承包人未合理预见所增加的费用和(或)延误的工期由承包人承担。

1.10.2 场外交通

发包人应提供场外交通设施的技术参数和具体条件,承包人应遵守有关交通法规,严格按照道路和桥梁的限制荷载行驶,执行有关道路限速、限行、禁止超载的规定,并配合交通管理部门的监督和检查。场外交通设施无法满足工程施工需要的,由发包人负责完善并承担相关费用。

1.10.3 场内交通

发包人应提供场内交通设施的技术参数和具体条件,并应按照专用合同条款的约定向承包人免费提供满足工程施工所需的场内道路和交通设施。因承包人原因造成上述道路或交通设施损坏的,承包人负责修复并承担由此增加的费用。

除发包人按照合同约定提供的场内道路和交通设施外,承包人负责修建、维修、养护和管理施工所需的其他场内临时道路和交通设施。发包人和监理人可以为实现合同目的使用承包人修建的场内临时道路和交通设施。

场外交通和场内交通的边界由合同当事人在专用合同条款中约定。

1.10.4 超大件和超重件的运输

由承包人负责运输的超大件或超重件,应由承包人负责向交通管理部门办理申请手续,发包人给予协助。运输超大件或超重件所需的道路和桥梁临时加固改造费用和其他有关费用,由承包人承担,但专用合同条款另有约定除外。

1.10.5 道路和桥梁的损坏责任

因承包人运输造成施工场地内外公共道路和桥梁损坏的,由承包人承担修复损坏的全部费用和可能引起的赔偿。

1.10.6 水路和航空运输

本款前述各项的内容适用于水路运输和航空运输，其中"道路"一词的含义包括河道、航线、船闸、机场、码头、堤防以及水路或航空运输中其他相似结构物；"车辆"一词的含义包括船舶和飞机等。

1.11 知识产权

1.11.1 除专用合同条款另有约定外，发包人提供给承包人的图纸、发包人为实施工程自行编制或委托编制的技术规范以及反映发包人要求的或其他类似性质的文件的著作权属于发包人，承包人可以为实现合同目的而复制、使用此类文件，但不能用于与合同无关的其他事项。未经发包人书面同意，承包人不得为了合同以外的目的而复制、使用上述文件或将之提供给任何第三方。

1.11.2 除专用合同条款另有约定外，承包人为实施工程所编制的文件，除署名权以外的著作权属于发包人，承包人可因实施工程的运行、调试、维修、改造等目的而复制、使用此类文件，但不能用于与合同无关的其他事项。未经发包人书面同意，承包人不得为了合同以外的目的而复制、使用上述文件或将之提供给任何第三方。

1.11.3 合同当事人保证在履行合同过程中不侵犯对方及第三方的知识产权。承包人在使用材料、施工设备、工程设备或采用施工工艺时，因侵犯他人的专利权或其他知识产权所引起的责任，由承包人承担；因发包人提供的材料、施工设备、工程设备或施工工艺导致侵权的，由发包人承担责任。

1.11.4 除专用合同条款另有约定外，承包人在合同签订前和签订时已确定采用的专利、专有技术、技术秘密的使用费已包含在签约合同价款中。

1.12 保密

除法律规定或合同另有约定外，未经发包人同意，承包人不得将发包人提供的图纸、文件以及声明需要保密的资料信息等商业秘密泄露给第三方。

除法律规定或合同另有约定外，未经承包人同意，发包人不得将承包人提供的技术秘密及声明需要保密的资料信息等商业秘密泄露给第三方。

1.13 工程量清单错误的修正

除专用合同条款另有约定外，发包人提供的工程量清单，应被认为是准确和完整的。出现下列情形之一时，发包人应予以修正，并相应调整合同价款：

（1）工程量清单存在缺项、漏项的；
（2）工程量清单偏差超出专用合同条款约定的工程量偏差范围的；
（3）未按照国家现行计量规范强制性规定计量的。

2 发包人

2.1 许可或批准

发包人应遵守法律，并办理法律规定由其办理的许可、批准或备案，包括但不限于地质灾害防治工程施工许可证和施工所需临时用水、临时用电、中断道路交通、临时占用土地等许可和批准。发包人应协助承包人办理法律规定的有关施工证件和批件。

因发包人原因未能及时办理完毕前述许可、批准或备案，由发包人承担由此增加的费用和（或）延误的工期，并支付承包人合理的利润。

2.2 发包人代表

发包人应在专用合同条款中明确其派驻施工现场的发包人代表的姓名、职务、联系方式及授权范围等事项。发包人代表在发包人的授权范围内，负责处理合同履行过程中与发包人有关的具体事宜。发包人代表在授权范围内的行为由发包人承担法律责任。发包人更换发包人代表的，应提前7

天以书面形式通知承包人。

发包人代表不能按照合同约定履行其职责及义务,并导致合同无法继续正常履行的,承包人可以要求发包人撤换发包人代表。

不属于法定必须监理的工程,监理人的职权可以由发包人代表或发包人指定的其他人员行使。

2.3 发包人人员

发包人应要求在施工现场的发包人人员遵守法律及有关安全、质量、环境保护、文明施工等规定,并保障承包人免于承受因发包人人员未遵守上述要求给承包人造成的损失和责任。

发包人人员包括发包人代表及其他由发包人派驻施工现场的人员。

2.4 施工现场、施工条件和基础资料的提供

2.4.1 提供施工现场

除专用合同条款另有约定外,发包人应最迟于开工日期7天前向承包人移交施工现场。

2.4.2 提供施工条件

除专用合同条款另有约定外,发包人应负责提供施工所需要的条件,包括:

(1)将施工用水、电力、通讯线路等施工所必需的条件接至施工现场内;

(2)保证向承包人提供正常施工所需要的进入施工现场的交通条件;

(3)协调处理施工现场周围地下管线和邻近建筑物、构筑物、古树名木的保护工作,并承担相关费用;

(4)按照专用合同条款约定应提供的其他设施和条件。

2.4.3 提供基础资料

发包人应当在移交施工现场前向承包人提供施工现场及工程施工所必需的毗邻区域内供水、排水、供电、供气、供热、通信、广播电视等地下管线资料,气象和水文观测资料,地质勘察资料,相邻建筑物、构筑物和地下工程等有关基础资料,并对所提供资料的真实性、准确性和完整性负责。

按照法律规定确需在开工后方能提供的基础资料,发包人应尽其努力及时地在相应工程施工前的合理期限内提供,合理期限应以不影响承包人的正常施工为限。

2.4.4 逾期提供的责任

因发包人原因未能按合同约定及时向承包人提供施工现场、施工条件、基础资料的,由发包人承担由此增加的费用和(或)延误的工期。

2.5 资金来源证明及支付担保

除专用合同条款另有约定外,发包人应在收到承包人要求提供资金来源证明的书面通知后28天内,向承包人提供能够按照合同约定支付合同价款的相应资金来源证明。

除专用合同条款另有约定外,发包人要求承包人提供履约担保的,发包人应当向承包人提供支付担保。支付担保可以采用银行保函或担保公司担保等形式,具体由合同当事人在专用合同条款中约定。

2.6 支付合同价款

发包人应按合同约定向承包人及时支付合同价款。

2.7 组织竣工验收

发包人应按合同约定及时组织竣工验收。

2.8 现场统一管理协议

发包人应与承包人、由发包人直接发包的专业工程的承包人签订施工现场统一管理协议,明确各方的权利义务。施工现场统一管理协议作为专用合同条款的附件。

3 承包人

3.1 承包人的一般义务

承包人在履行合同过程中应遵守法律规定和地质灾害防治工程建设标准规范,并履行以下义务:

(1)办理法律规定应由承包人办理的许可和批准,并将办理结果以书面形式报送发包人留存;

(2)按法律规定和合同约定完成工程,并在保修期内承担保修义务;

(3)按法律规定和合同约定采取施工安全和环境保护措施,办理工伤保险,确保工程及人员、材料、设备和设施的安全;

(4)按合同约定的工作内容和施工进度要求,编制施工组织设计和施工措施计划,并对所有施工作业和施工方法的完备性和安全可靠性负责;

(5)在进行合同约定的各项工作时,不得侵害发包人与他人使用公用道路、水源、市政管网、电源、通信等公共设施的权利,避免对邻近的公共设施产生干扰。承包人占用或使用他人的施工场地,影响他人作业或生活的,应承担相应责任;

(6)按照第8.3款[环境保护]约定负责施工场地及其周边环境与生态的保护工作;

(7)按第8.1款[安全文明施工]约定采取施工安全措施,确保工程及其人员、材料、设备和设施的安全,防止因工程施工造成的人身伤害和财产损失;

(8)将发包人按合同约定支付的各项价款专用于合同工程,且应及时支付其雇用人员工资;

(9)按照法律规定和合同约定编制竣工资料,完成竣工资料立卷及归档,并按专用合同条款约定的竣工资料的套数、内容、时间等要求移交发包人;

(10)应履行的其他义务。

3.2 项目经理

3.2.1 项目经理应为合同当事人所确认的人选,并在专用合同条款中明确项目经理的姓名、职称、注册执业证书编号、联系方式及授权范围等事项,项目经理经承包人授权后代表承包人负责履行合同。项目经理应是承包人正式聘用的员工,承包人应向发包人提交项目经理与承包人之间的劳动合同,以及承包人为项目经理缴纳社会保险的有效证明。承包人不提交上述文件的,项目经理无权履行职责,发包人有权要求更换项目经理,由此增加的费用和(或)延误的工期由承包人承担。

项目经理应常驻施工现场,且每月在施工现场时间不得少于专用合同条款约定的天数。项目经理不得同时担任其他项目的项目经理。项目经理确需离开施工现场时,应事先通知监理人,并取得发包人的书面同意。项目经理的通知中应当载明临时代行其职责的人员的注册执业资格、管理经验等资料,该人员应具备履行相应职责的能力。

承包人违反上述约定的,应按照专用合同条款的约定,承担违约责任。

3.2.2 项目经理按合同约定组织工程实施。在紧急情况下为确保施工安全和人员安全,在无法与发包人代表和总监理工程师及时取得联系时,项目经理有权采取必要的措施保证与工程有关的人身、财产和工程的安全,但应在48小时内向发包人代表和总监理工程师提交书面报告。

3.2.3 承包人需要更换项目经理的,应提前14天书面通知发包人和监理人,并征得发包人书面同意。通知中应当载明继任项目经理的注册执业资格、管理经验等资料,继任项目经理继续履行第3.2.1项约定的职责。未经发包人书面同意,承包人不得擅自更换项目经理。承包人擅自更换项目经理的,应按照专用合同条款的约定承担违约责任。

3.2.4 发包人有权书面通知承包人更换其认为不称职的项目经理,通知中应当载明要求更换的理由。承包人应在接到更换通知后14天内向发包人提出书面的改进报告。发包人收到改进报告后仍要求更换的,承包人应在接到第二次更换通知的28天内进行更换,并将新任命的项目经理的注册执业资格、管理经验等资料以书面形式通知发包人。继任项目经理继续履行第3.2.1项约定的职责。承包人无正当理由拒绝更换项目经理的,应按照专用合同条款的约定承担违约责任。

3.2.5 项目经理因特殊情况授权其下属人员履行其某项工作职责的,该下属人员应具备履行相应职责的能力,并应提前7天将上述人员的姓名和授权范围书面通知监理人,并征得发包人书面同意。

3.3 技术负责人

3.3.1 项目技术负责人应为合同当事人所确认的人选,项目技术负责人应满足专用合同条款中的技术职称要求,并在专用合同条款中明确项目技术负责人的姓名、职称、联系方式及授权范围等事项。项目技术负责人应是承包人正式聘用的员工,承包人应向发包人提交项目技术负责人与承包人之间的劳动合同,以及承包人为项目技术负责人缴纳社会保险的有效证明。承包人不提交上述文件的,项目技术负责人无权履行职责,发包人有权要求更换项目技术负责人,由此增加的费用和(或)延误的工期由承包人承担。

项目技术负责人应常驻施工现场,且每月在施工现场时间不得少于专用合同条款约定的天数。项目技术负责人确需离开施工现场时,应事先通知监理人,并取得发包人的书面同意。项目技术负责人的通知中应当载明临时代行其职责的人员的职称、管理经验等资料,该人员应具备履行相应职责的能力。

承包人违反上述约定的,应按照专用合同条款的约定,承担违约责任。

3.3.2 承包人需要更换项目技术负责人的,应提前14天书面通知发包人和监理人,并征得发包人书面同意。通知中应当载明继任项目技术负责人的职称、管理经验等资料,继任项目技术负责人继续履行第3.3.1项约定的职责。未经发包人书面同意,承包人不得擅自更换项目技术负责人。承包人擅自更换项目技术负责人的,应按照专用合同条款的约定承担违约责任。

3.3.3 发包人有权书面通知承包人更换其认为不称职的项目技术负责人,通知中应当载明要求更换的理由。承包人应在接到更换通知后14天内向发包人提出书面的改进报告。发包人收到改进报告后仍要求更换的,承包人应在接到第二次更换通知的28天内进行更换,并将新任命的项目技术负责人的职称、管理经验等资料以书面形式通知发包人。继任项目技术负责人继续履行第3.3.1项约定的职责。承包人无正当理由拒绝更换项目技术负责人的,应按照专用合同条款的约定承担违约责任。

3.3.4 项目技术负责人因特殊情况授权其下属人员履行其某项工作职责的,该下属人员应具备履行相应职责的能力,并应提前7天将上述人员的姓名和授权范围书面通知监理人,并征得发包人书面同意。

3.4 承包人人员

3.4.1 除专用合同条款另有约定外,承包人应在接到开工通知后7天内,向监理人提交承包人项目管理机构及施工现场人员安排的报告,其内容应包括合同管理、施工、技术、材料、质量、安全、财务、资料等主要施工管理人员名单及其岗位、注册执业资格等,以及各工种技术工人的安排情况,并同时提交主要施工管理人员与承包人之间的劳动关系证明和缴纳社会保险的有效证明。

3.4.2 承包人派驻到施工现场的主要施工管理人员应相对稳定。施工过程中如有变动,承包人应及时向监理人提交施工现场人员变动情况的报告。承包人更换主要施工管理人员时,应提前7天书面通知监理人,并征得发包人书面同意。通知中应当载明继任人员的注册执业资格、管理经验等资料。

特殊工种作业人员均应持有相应的资格证明,监理人可以随时检查。

3.4.3 发包人对于承包人主要施工管理人员的资格或能力有异议的,承包人应提供资料证明被质疑人员有能力完成其岗位工作或不存在发包人所质疑的情形。发包人要求撤换不能按照合同约定履行职责及义务的主要施工管理人员的,承包人应当撤换。承包人无正当理由拒绝撤换的,应按照专用合同条款的约定承担违约责任。

3.4.4 除专用合同条款另有约定外,承包人的主要施工管理人员离开施工现场每月累计不超过5天的,应报监理人同意;离开施工现场每月累计超过5天的,应通知监理人,并征得发包人书面同意。主要施工管理人员离开施工现场前应指定一名有经验的人员临时代行其职责,该人员应具备履行相应职责的资格和能力,且应征得监理人或发包人的同意。

3.4.5 承包人擅自更换主要施工管理人员,或前述人员未经监理人或发包人同意擅自离开施工现场的,应按照专用合同条款约定承担违约责任。

3.5 承包人现场踏勘

承包人应对基于发包人按照第2.4.3项[提供基础资料]提交的基础资料所做出的解释和推断负责,但因基础资料存在错误、遗漏导致承包人解释或推断失实的,由发包人承担责任。

承包人应对施工现场和施工条件进行踏勘,并充分了解工程所在地的气象条件、交通条件、风俗习惯以及其他与完成合同工作有关的资料。因承包人未能充分查勘、了解前述情况或未能充分估计前述情况所可能产生后果的,承包人承担由此增加的费用和(或)延误的工期。

3.6 工程照管与成品、半成品保护

(1)除专用合同条款另有约定外,自发包人向承包人移交施工现场之日起,承包人应负责照管工程及工程相关的材料、工程设备,直到颁发工程接收证书之日止;

(2)在承包人负责照管期间,因承包人原因造成工程、材料、工程设备损坏的,由承包人负责修复或更换,并承担由此增加的费用和(或)延误的工期;

(3)对合同内分期完成的成品和半成品,在颁发工程接收证书前,由承包人承担保护责任。因承包人原因造成成品或半成品损坏的,由承包人负责修复或更换,并承担由此增加的费用和(或)延误的工期。

3.7 履约担保

发包人需要承包人提供履约担保的,由合同当事人在专用合同条款中约定履约担保的方式、金额及期限等。履约担保可以采用银行保函或担保公司担保等形式,具体由合同当事人在专用合同条款中约定。

因承包人原因导致工期延长的,继续提供履约担保所增加的费用由承包人承担;非因承包人原因导致工期延长的,继续提供履约担保所增加的费用由发包人承担。

3.8 联合体

3.8.1 联合体各方应共同与发包人签订合同协议书。联合体各方应为履行合同向发包人承担连带责任。

3.8.2 联合体协议经发包人确认后作为合同附件。在履行合同过程中,未经发包人同意,不得修改联合体协议。

3.8.3 联合体牵头人负责与发包人和监理人联系,并接受指示,负责组织联合体各成员全面履行合同。

4 监理人

4.1 监理人的一般规定

工程实行监理的,发包人和承包人应在专用合同条款中明确监理人的监理内容及监理权限等事项。监理人应当根据发包人授权及法律规定,代表发包人对工程施工相关事项进行检查、查验、审核、验收,并签发相关指示,但监理人无权修改合同,且无权减轻或免除合同约定的承包人的任何责任与义务。

除专用合同条款另有约定外,监理人在施工现场的办公场所、生活场所由承包人提供,所发生的费用由发包人承担。

4.2 监理人员

发包人授予监理人对工程实施监理的权利由监理人派驻施工现场的监理人员行使,监理人员包括总监理工程师及监理工程师。监理人应将授权的总监理工程师和监理工程师的姓名及授权范围以书面形式提前通知承包人。更换总监理工程师的,监理人应提前7天以书面形式通知承包人;更换其他监理人员,监理人应提前48小时以书面形式通知承包人。

4.3 监理人的指示

监理人应按照发包人的授权发出监理指示。监理人的指示应采用书面形式,并经其授权的监理人员签字。紧急情况下,为了保证施工人员的安全或避免工程受损,监理人员可以口头形式发出指示,该指示与书面形式的指示具有同等法律效力,但必须在发出口头指示后24小时内补发书面监理指示,补发的书面监理指示应与口头指示一致。

监理人发出的指示应送达承包人项目经理或经项目经理授权接收的人员。因监理人未能按合同约定发出指示、指示延误或发出了错误指示而导致承包人费用增加和(或)工期延误的,由发包人承担相应责任。除专用合同条款另有约定外,总监理工程师不应将第4.4款[商定或确定]约定应由总监理工程师做出确定的权力授权或委托给其他监理人员。

承包人对监理人发出的指示有疑问的,应向监理人提出书面异议,监理人应在48小时内对该指示予以确认、更改或撤销,监理人逾期未回复的,承包人有权拒绝执行上述指示。

监理人对承包人的任何工作、工程或其采用的材料和工程设备未在约定的或合理的期限内提出意见的,视为批准,但不免除或减轻承包人对该工作、工程、材料、工程设备等应承担的责任和义务。

4.4 商定或确定

合同当事人进行商定或确定时,总监理工程师应当会同合同当事人尽量通过协商达成一致,不能达成一致的,由总监理工程师按照合同约定审慎做出公正的确定。

总监理工程师应将确定以书面形式通知发包人和承包人,并附详细依据。合同当事人对总监理工程师的确定没有异议的,按照总监理工程师的确定执行。任何一方合同当事人有异议,按照第22条[争议解决]约定处理。争议解决前,合同当事人暂按总监理工程师的确定执行;争议解决后,争议解决的结果与总监理工程师的确定不一致的,按照争议解决的结果执行,由此造成的损失由责任人承担。

5 动态管理

5.1 动态管理的一般规定

地质灾害防治工程遵循"动态化设计、信息化施工"的原则,若现场揭露地质情况与勘查设计提供的地质情况有所变化或不一致,承包人应及时通知发包人、监理人、勘查人和设计人共同商定解决,并对治理方案进行相应调整或变更。

5.2 动态管理中承包人的一般义务

5.2.1 地质灾害防治工程在施工过程中,承包人项目技术负责人负责组织具有地质相关专业的技术人员进行跟踪地质编录,将施工过程视为对防治工程的再勘查。完整记录地质情况,详细记录和描述裂隙、滑面等的位置和地质特征,以反馈给勘查人、设计人。裂隙、滑面埋深经原勘查人、设计人与原勘查设计情况进行比对,如裂隙、滑面埋深等地质情况有所变化或不一致,应及时与相关单位共同商定,并对治理方案进行相应调整或变更。

5.2.2 地质灾害防治工程施工期间,承包人应安排专业技术人员对施工现场进行施工安全监测,监测结果应作为判断防治工程稳定状态、指导施工、反馈设计和防治效果检验的重要依据;监测手段包括但不限于地面变形监测、地表裂缝监测、深部位移监测、地下水位监测、孔隙水压力监测、地应力监测、安全巡查和群测群防等。

5.2.2.1 对稳定性差的地质灾害防治工程项目应当采用专业监测,专业监测应由发包人另行委托,可以是有监测资质的第三方或承包人实施,费用应当另计。承包人认为需要进行专业监测的,应当向发包人提交申请专业监测报告,载明监测范围和内容,供发包人进行审核。发包人拒绝进行专业监测的,承包人应当自行监测并进行施工。

5.2.2.2 除专业监测之外的施工监测由承包人编制施工监测方案,报监理人审核,经发包人同意后实施,并将监测结果及时报送给发包人、监理人及相关单位,费用应包含于防治工程施工费用中。

5.3 动态管理中监理人的一般义务

5.3.1 地质灾害防治工程在施工过程中,监理人应安排地质专业监理工程师校验承包人编制的地质编录。如承包人编制的地质编录与现场实际情况不一致,应要求承包人立即整改。如现场地质情况与原勘查设计情况有所变化或不一致,监理人应通知发包人,由发包人组织勘查人、设计人、监理人及承包人共同商定解决,并对治理方案进行调整或变更。

5.3.2 地质灾害防治工程施工期间,监理人按照监理规范和监理合同要求,审批承包人编制的施工监测方案,并督促承包人按施工监测方案实施监测。如发现施工监测结果超过警戒值,监理人应通知发包人,由发包人组织勘查人、设计人、监理人及承包人共同商定解决,并对治理方案进行相应调整或变更。

5.4 动态管理中发包人的一般义务

5.4.1 地质灾害防治工程在施工过程中,当承包人、监理人提出现场地质情况与原勘查设计情况有所变化或不一致时,应及时通知勘查人、设计人对承包人提供的地质编录与原勘查设计文件进行对比,分析原因,发包人组织勘查人、设计人、监理人及承包人共同商定解决,并对治理方案进行相应调整或变更。

5.4.2 地质灾害防治工程在施工过程中,当承包人、监理人提出施工监测结果超警戒值时,发包人应组织勘查人、设计人、监理人及承包人协商分析原因,必要时启动应急预案和对治理方案进行调整或变更。

6 地质灾害抢险与应急项目治理工程

6.1 地质灾害抢险和应急项目治理工程是防治工程的特殊情况,可简化处理,但应急项目治理工程应与后续的治理工程相适应,并为后续治理工程提供基础。

6.2 地质灾害防治工程通常应由勘查、设计和施工三个阶段组成。勘查可分为初步勘查和详细勘查。设计可分为可行性方案设计、初步设计和施工图设计三个阶段,对于地质条件清楚的可适当简化。

6.3 承包人承接抢险和应急项目治理工程,应当根据地质灾害现场的危险程度,编写相应抢险和应急方案,报监理人(如果有)或发包人,由发包人聘请专家组评审后实施;方案的深度应当能计算出工程量,且应约定相应单价或使用定额等计价依据,对确需采取边设计边施工的,承包人应及时报监理人(如果有)或发包人如实记录并签证。

6.4 对于地质灾害抢险和应急项目治理工程,施工前无法计算安全文明施工费总额的,发包人、承包人要根据实际情况暂定(结算时多退少补)该项费用,及时完成首次拨付,以确保施工现场安全生产需要。

7 工程质量

7.1 质量要求

7.1.1 工程质量标准必须符合现行国家有关工程施工质量、地质灾害防治工程施工质量验收规范和标准的要求。有关工程质量的特殊标准或要求由合同当事人在专用合同条款中约定。

7.1.2 因发包人原因造成工程质量未达到合同约定标准的,由发包人承担由此增加的费用和(或)延误的工期,并支付承包人合理的利润。

7.1.3 因承包人原因造成工程质量未达到合同约定标准的,发包人有权要求承包人返工直至工程质量达到合同约定的标准为止,并由承包人承担由此增加的费用和(或)延误的工期。

7.2 质量保证措施

7.2.1 发包人的质量管理

发包人应按照法律规定及合同约定完成与工程质量有关的各项工作。

7.2.2 承包人的质量管理

承包人按照第9.1款[施工组织设计]的约定向发包人和监理人提交工程质量保证体系及措施文件,建立完善的质量检查制度,并提交相应的工程质量文件。对于发包人和监理人违反法律规定和合同约定的错误指示,承包人有权拒绝实施。

承包人应对施工人员进行质量教育和技术培训,定期考核施工人员的劳动技能,严格执行施工规范和操作规程。

承包人应按照法律规定和发包人的要求,对材料、工程设备以及工程的所有部位及其施工工艺进行全过程的质量检查和检验,并作详细记录,编制工程质量报表,报送监理人审查。

此外,承包人还应按照法律规定和发包人的要求,进行施工现场取样试验、工程复核测量和设备性能检测,提供试验样品、提交试验报告与测量成果以及其他工作。

7.2.3 监理人的质量检查和检验

监理人按照法律规定和发包人授权对工程的所有部位及其施工工艺、材料和工程设备进行检查和检验。承包人应为监理人的检查和检验提供方便,包括监理人到施工现场,或制造、加工地点,或合同约定的其他地方进行察看和查阅施工原始记录。监理人为此进行的检查和检验,不免除或减轻承包人按照合同约定应当承担的责任。

监理人的检查和检验不应影响施工正常进行。监理人的检查和检验影响施工正常进行的,且经检查检验不合格的,影响正常施工的费用由承包人承担,工期不予顺延;经检查检验合格的,由此增加的费用和(或)延误的工期由发包人承担。

7.3 隐蔽工程检查

7.3.1 承包人自检

承包人应当对工程隐蔽部位进行自检,并经自检确认是否具备覆盖条件。

7.3.2 检查程序

除专用合同条款另有约定外,工程隐蔽部位经承包人自检确认具备覆盖条件的,承包人应在共同检查前48小时书面通知监理人检查,通知中应载明隐蔽检查的内容、时间和地点,并应附有自检记录和必要的检查资料。

监理人应按时到场并对隐蔽工程及其施工工艺、材料和工程设备进行检查。经监理人检查确认质量符合隐蔽要求,并在验收记录上签字后,承包人才能进行覆盖。经监理人检查质量不合格的,承包人应在监理人指示的时间内完成修复,并由监理人重新检查,由此增加的费用和(或)延误的工期由承包人承担。

除专用合同条款另有约定外,监理人不能按时进行检查的,应在检查前24小时向承包人提交书面延期要求,但延期不能超过48小时,由此导致工期延误的,工期应予以顺延。监理人未按时进行检查,也未提出延期要求的,视为隐蔽工程检查合格,承包人可自行完成覆盖工作,并作相应记录报送监理人,监理人应签字确认。监理人事后对检查记录有疑问的,可按第7.3.3项[重新检查]的约定重新检查。

7.3.3 重新检查

承包人覆盖工程隐蔽部位后,发包人或监理人对质量有疑问的,可要求承包人对已覆盖的部位进行钻孔探测或揭开重新检查,承包人应遵照执行,并在检查后重新覆盖恢复原状。经检查证明工程质量符合合同要求的,由发包人承担由此增加的费用和(或)延误的工期,并支付承包人合理的利润;经检查证明工程质量不符合合同要求的,由此增加的费用和(或)延误的工期由承包人承担。

7.3.4 承包人私自覆盖

承包人未通知监理人到场检查,私自将工程隐蔽部位覆盖的,监理人有权指示承包人钻孔探测或揭开检查,无论工程隐蔽部位质量是否合格,由此增加的费用和(或)延误的工期均由承包人承担。

7.4 不合格工程的处理

7.4.1 因承包人原因造成工程不合格的,发包人有权随时要求承包人采取补救措施,直至达到合同要求的质量标准,由此增加的费用和(或)延误的工期由承包人承担;无法补救的,按照第15.2.4项[拒绝接收全部或部分工程]的约定执行。

7.4.2 因发包人原因造成工程不合格的,由此增加的费用和(或)延误的工期由发包人承担,并支付承包人合理的利润。

7.5 质量争议检测

合同当事人对工程质量有争议的,由双方协商确定的工程质量检测机构鉴定,由此产生的费用及因此造成的损失,由责任方承担。

合同当事人均有责任的,由双方根据其责任分别承担。合同当事人无法达成一致的,按照第4.4款[商定或确定]执行。

8 安全文明施工与环境保护

8.1 安全文明施工

8.1.1 安全生产要求

合同履行期间,合同当事人均应当遵守国家和工程所在地有关安全生产的要求,合同当事人有特别要求的,应在专用合同条款中明确施工项目安全生产标准化达标目标及相应事项。承包人有权拒绝发包人及监理人强令承包人违章作业、冒险施工的任何指示。

在施工过程中,如遇到突发的地质变动、事先未知的地下施工障碍等影响施工安全的紧急情况,承包人应及时报告监理人和发包人,发包人应当及时下令停工并报政府有关行政管理部门采取应急措施。

对出现地质灾害前兆、可能造成人员伤亡或重大财产损失的区域和地段应当及时划定为地质灾害危险区,予以公告,并在边界设置明显警示标志,区内禁止爆破、削坡等可能引发地质灾害的活动。

因安全生产需要暂停施工的,按照第9.8款[暂停施工]的约定执行。

8.1.2 安全生产保证措施

承包人应当按照有关规定编制安全技术措施或者专项施工方案,建立安全生产责任制度、治安保卫制度及安全生产教育培训制度,并按安全生产法律规定及合同约定履行安全职责,如实编制工程安全生产的有关记录,接受发包人、监理人及政府安全监督部门的检查与监督。

8.1.3 特别安全生产事项

承包人应按照法律规定进行施工,开工前做好安全技术交底工作,施工过程中做好各项安全防护措施。承包人为实施合同而雇用的特殊工种的人员应受过专门的培训并已取得政府有关管理机构颁发的上岗证书。

承包人在动力设备、输电线路、地下管道、密封防震车间、易燃易爆地段以及临街交通要道附近施工时,施工开始前应向发包人和监理人提出安全防护措施,经发包人认可后实施。

实施爆破作业,在放射性、毒害性环境中施工(含储存、运输、使用)及使用毒害性、腐蚀性物品施工时,承包人应在施工前7天以书面形式通知发包人和监理人,并报送相应的安全防护措施,经发包人认可后实施。

地质灾害治理工程施工前承包人应根据现场实际情况,编制安全防控方案(危险源识别与分析、日常监测手段、数据收集处理、预警与通报、应急程序、应急组织及物资等内容)报发包人及监理审核,经批准后实施。

需单独编制危险性较大分部分项专项工程施工方案的,以及要求进行专家论证的超过一定规模的危险性较大的分部分项工程,承包人应及时编制施工方案并组织论证。

8.1.4 治安保卫

除专用合同条款另有约定外,发包人应与当地公安机关协商,在现场建立治安管理机构或联防组织,统一管理施工场地的治安保卫事项,履行合同工程的治安保卫职责。

发包人和承包人除应协助现场治安管理机构或联防组织维护施工场地的社会治安外,还应做好包括生活区在内的各自管辖区的治安保卫工作。

除专用合同条款另有约定外,发包人和承包人应在工程开工后7天内共同编制施工场地治安管理计划,并制定应对突发治安事件的紧急预案。在工程施工过程中,发生暴乱、爆炸等恐怖事件,以及群殴、械斗等群体性突发治安事件的,发包人和承包人应立即向当地政府报告。发包人和承包人应积极协助当地有关部门采取措施平息事态,防止事态扩大,尽量避免人员伤亡和财产损失。

8.1.5 文明施工

承包人在工程施工期间,应当采取措施保持施工现场平整,物料堆放整齐。工程所在地有关政府行政管理部门有特殊要求的,按照其要求执行。合同当事人对文明施工有其他要求的,可以在专用合同条款中明确。

在工程移交之前,承包人应当从施工现场清除承包人的全部工程设备、多余材料、垃圾和各种临时工程,并保持施工现场清洁整齐。经发包人书面同意,承包人可在发包人指定的地点保留承包人履行保修期内的各项义务所需要的材料、施工设备和临时工程。

8.1.6 安全文明施工费

安全文明施工费由发包人承担,发包人不得以任何形式扣减该部分费用。因基准日期后合同所适用的法律或政府有关规定发生变化,增加的安全文明施工费由发包人承担。

承包人经发包人同意采取合同约定以外的安全措施所产生的费用,由发包人承担。未经发包人同意的,如果该措施避免了发包人的损失,则发包人在避免损失的额度内承担该措施费。如果该措施避免了承包人的损失,由承包人承担该措施费。

除专用合同条款另有约定外,发包人应在开工后28天内预付安全文明施工费总额的50%,其余部分与进度款同期支付。发包人逾期支付安全文明施工费超过7天的,承包人有权向发包人发出要求预付的催告通知,发包人收到通知后7天内仍未支付的,承包人有权暂停施工,并按第18.1.1项[发包人违约的情形]执行。

承包人对安全文明施工费应专款专用,承包人应在财务账目中单独列项备查,不得挪作他用,否则发包人有权责令其限期改正;逾期未改正的,可以责令其暂停施工,由此增加的费用和(或)延误的工期由承包人承担。

8.1.7 安全生产责任

8.1.7.1 发包人的安全责任

发包人应负责赔偿以下各种情况造成的损失:

(1)工程或工程的任何部分对土地的占用所造成的第三方财产损失;
(2)由于发包人原因在施工场地及其毗邻地带造成的第三方人身伤亡和财产损失;
(3)由于发包人原因对承包人、监理人造成的人员人身伤亡和财产损失;
(4)由于发包人原因造成的发包人自身人员的人身伤害以及财产损失。

8.1.7.2 承包人的安全责任

由于承包人原因在施工场地内及其毗邻地带造成的发包人、监理人以及第三方人员伤亡和财产损失,由承包人负责赔偿。

8.2 职业健康

8.2.1 劳动保护

承包人应按照法律规定安排现场施工人员的劳动和休息时间,保障劳动者的休息时间,并支付合理的报酬和费用。承包人应依法为其履行合同所雇用的人员办理必要的证件、许可、保险和注册等。

承包人应按照法律规定保障现场施工人员的劳动安全,并提供劳动保护,并应按国家有关劳动保护的规定,采取有效的防止粉尘、降低噪声、控制有害气体和保障高温、高寒、高空作业安全等劳动保护措施。承包人雇佣人员在施工中受到伤害的,承包人应立即采取有效措施进行抢救和治疗。

承包人应按法律规定安排工作时间,保证其雇佣人员享有休息和休假的权利。因工程施工的特殊需要占用休假日或延长工作时间的,应不超过法律规定的限度,并按法律规定给予补休或付酬。

8.2.2 生活条件

承包人应为其履行合同所雇用的人员提供必要的膳宿条件和生活环境;承包人应采取有效措施预防传染病,保证施工人员的健康,并定期对施工现场、施工人员生活基地和工程进行防疫和卫生的专业检查和处理,在远离城镇的施工场地,还应配备必要的伤病防治和急救的医务人员与医疗设施。

8.3 环境保护

承包人应在施工组织设计中列明环境保护的具体措施。在合同履行期间,承包人应采取合理措施保护施工现场环境。对施工作业过程中可能引起的大气、水、噪声以及固体废物污染应采取具体可行的防范措施。

承包人应当承担因其原因引起的环境污染侵权损害赔偿责任,因上述环境污染引起纠纷而导致暂停施工的,由此增加的费用和(或)延误的工期由承包人承担。

9 工期和进度

9.1 施工组织设计

9.1.1 施工组织设计的内容

施工组织设计应包含以下内容:
(1)施工方案;
(2)施工现场平面布置图;
(3)施工进度计划和保证措施;
(4)劳动力及材料供应计划;
(5)施工机械设备的选用;
(6)质量保证体系及措施;
(7)安全生产、文明施工措施;
(8)环境保护、成本控制措施;
(9)合同当事人约定的其他内容。

9.1.2 施工组织设计的提交和修改

除专用合同条款另有约定外,承包人应在合同签订后14天内,但最迟不得晚于第9.3.2项[开工通知]载明的开工日期前7天,向监理人提交详细的施工组织设计,并由监理人报送发包人。除专用合同条款另有约定外,发包人和监理人应在监理人收到施工组织设计后7天内确认或提出修改意见。对发包人和监理人提出的合理意见和要求,承包人应自费修改完善。根据工程实际情况需要修改施工组织设计的,承包人应向发包人和监理人提交修改后的施工组织设计。

施工进度计划的编制和修改按照第9.2款[施工进度计划]执行。

9.2 施工进度计划

9.2.1 施工进度计划的编制

承包人应按照第9.1款[施工组织设计]的约定提交详细的施工进度计划,施工进度计划的编制应当符合国家法律规定和一般工程实践惯例并满足地质灾害防治工程安全要求,施工进度计划经发包人批准后实施。施工进度计划是控制工程进度的依据,发包人和监理人有权按照施工进度计划检查工程进度情况。

9.2.2 施工进度计划的修订

施工进度计划不符合合同要求或与工程的实际进度不一致的,承包人应向监理人提交修订的施工进度计划,并附具有关措施和相关资料,由监理人报送发包人。除专用合同条款另有约定外,发包人和监理人应在收到修订的施工进度计划后7天内完成审核和批准或提出修改意见,地质灾害抢险工程计划审批应酌情提前。发包人和监理人对承包人提交的施工进度计划的确认,不能减轻或免除承包人根据法律规定和合同约定应承担的任何责任或义务。

9.3 开工

9.3.1 开工准备

除专用合同条款另有约定外,承包人应按照第9.1款[施工组织设计]约定的期限,向监理人提交工程开工报审表,经监理人报发包人批准后执行。开工报审表应详细说明按施工进度计划正常施工所需的施工道路、临时设施、材料、工程设备、施工设备、施工人员等落实情况以及工程的进度安排。

承包人应根据地质灾害防治工程施工的危险程度编制专业监测方案或采用简易方法监测方案。

施工安全监测点应布置在稳定性差或工程扰动大的部位,力求形成完整的剖面,并采取多种手段互相验证和补充。施工安全监测宜采用连续自动定时观测方式进行监测。

除专用合同条款另有约定外,合同当事人应按约定完成开工准备工作。

9.3.2 开工通知

发包人应按照法律规定获得工程施工所需的许可。经发包人同意后,监理人发出的开工通知应符合法律规定。监理人应在计划开工日期7天前向承包人发出开工通知,工期自开工通知中载明的开工日期起算。

除专用合同条款另有约定外,因发包人原因造成监理人未能在计划开工日期之日起90天内发出开工通知的,承包人有权提出价格调整要求,或者解除合同。发包人应当承担由此增加的费用和(或)延误的工期,并向承包人支付合理利润。

9.4 测量放线

除专用合同条款另有约定外,发包人应在最迟不得晚于第9.3.2项[开工通知]中载明的开工日期前7天通过监理人向承包人提供测量基准点、基准线和水准点及其书面资料。发包人应对其提供的测量基准点、基准线和水准点及其书面资料的真实性、准确性和完整性负责。

承包人发现发包人提供的测量基准点、基准线和水准点及其书面资料存在错误或疏漏的,应及时通知监理人。监理人应及时报告发包人,并会同发包人和承包人予以核实。发包人应就如何处理和是否继续施工作出决定,并通知监理人和承包人。

承包人负责施工过程中的全部施工测量放线工作,并配置具有相应资质的人员和合格的仪器、设备以及其他物品。承包人应矫正工程的位置、标高、尺寸或基准线中出现的任何差错,并对工程各部分的定位负责。

施工过程中对施工现场内水准点等测量标志物的保护工作由承包人负责。

9.5 工期延误

9.5.1 因发包人原因导致工期延误

在合同履行过程中,因下列情况导致工期延误和(或)费用增加的,由发包人承担由此延误的工期和(或)增加的费用,且发包人应支付承包人合理的利润:

(1)发包人未能按合同约定提供图纸或所提供图纸不符合合同约定的;
(2)发包人未能按合同约定提供施工现场、施工条件、基础资料、许可、批准等开工条件的;
(3)发包人提供的测量基准点、基准线和水准点及其书面资料存在错误或疏漏的;
(4)发包人未能在计划开工日期之日起7天内同意下达开工通知的;
(5)发包人未能按合同约定日期支付工程预付款、进度款或竣工结算款的;
(6)监理人未按合同约定发出指示、批准等文件的;
(7)专用合同条款中约定的其他情形。

因发包人原因未按计划开工日期开工的,发包人应按实际开工日期顺延竣工日期,确保实际工期不低于合同约定的工期总日历天数。因发包人原因导致工期延误需要修订施工进度计划的,按照第9.2.2项[施工进度计划的修订]执行。

9.5.2 因承包人原因导致工期延误

因承包人原因造成工期延误的,可以在专用合同条款中约定逾期竣工违约金的计算方法和逾期竣工违约金的上限。承包人支付逾期竣工违约金后,不免除承包人继续完成工程及修补缺陷的义务。

9.6 不利物质条件

不利物质条件是指有经验的承包人在施工现场遇到的不可预见的自然物质条件、非自然的物质障碍和污染物,包括地表以下物质条件和水文条件以及专用合同条款约定的其他情形,但不包括气候条件。

承包人遇到不利物质条件时,应采取克服不利物质条件的合理措施继续施工,并及时通知发包人和监理人。通知应载明不利物质条件的内容以及承包人认为不可预见的理由。监理人经发包人同意后应当及时发出指示,指示构成变更的,按第12条[变更]的约定执行。承包人因采取合理措施而增加的费用和(或)延误的工期由发包人承担。

9.7 异常恶劣的气候条件

异常恶劣的气候条件是指在施工过程中遇到的、有经验的承包人在签订合同时不可预见的、对合同履行造成实质性影响的,但尚未构成不可抗力事件的恶劣气候条件。合同当事人可以在专用合同条款中约定异常恶劣的气候条件的具体情形。

承包人应采取克服异常恶劣的气候条件的合理措施继续施工,并及时通知发包人和监理人。监理人经发包人同意后应当及时发出指示,指示构成变更的,按第12条[变更]的约定办理。承包人因采取合理措施而增加的费用和(或)延误的工期由发包人承担。

9.8 暂停施工

9.8.1 发包人原因引起的暂停施工

因发包人原因引起暂停施工的,监理人经发包人同意后,应及时下达暂停施工指示。情况紧急且监理人未及时下达暂停施工指示的,按照第9.8.4项[紧急情况下的暂停施工]执行。

因发包人原因引起的暂停施工,发包人应根据情形调整延误的工期和(或)承担由此增加的费用,并支付承包人合理的利润。

9.8.2 承包人原因引起的暂停施工

因承包人原因引起的暂停施工,承包人应承担由此增加的费用和(或)延误的工期,且承包人在收到监理人复工指示后84天内仍未复工的,视为第18.2.1项[承包人违约的情形]第(7)目约定的承包人无法继续履行合同的情形。

9.8.3 指示暂停施工

监理人认为有必要时,并经发包人批准后,可向承包人作出暂停施工的指示,承包人应按监理人指示暂停施工。

9.8.4 紧急情况下的暂停施工

因紧急情况需暂停施工,且监理人未及时下达暂停施工指示的,承包人可先暂停施工,并及时通知监理人。监理人应在接到通知后24小时内发出指示,逾期未发出指示,视为同意承包人暂停施工。监理人不同意承包人暂停施工的,应说明理由,承包人对监理人的答复有异议时,按照本合同第22条[争议解决]约定处理。

9.8.5 暂停施工后的复工

暂停施工后,发包人和承包人应采取有效措施积极消除暂停施工的影响。在工程复工前,监理人会同发包人和承包人确定因暂停施工造成的损失,并确定工程复工条件。当工程具备复工条件时,监理人应经发包人批准后向承包人发出复工通知,承包人应按照复工通知要求复工。

承包人无故拖延或拒绝复工的,承包人承担由此增加的费用和(或)延误的工期;因发包人原因无法按时复工的,按照第 9.5.1 项[因发包人原因导致工期延误]的约定办理。

9.8.6 暂停施工持续 56 天以上

监理人发出暂停施工指示后 56 天内未向承包人发出复工通知,除该项停工属于第 9.8.2 项[承包人原因引起的暂停施工]及第 19 条[不可抗力]约定的情形外,承包人可向发包人提交书面通知,要求发包人在收到书面通知后 28 天内准许已暂停施工的部分或全部工程继续施工。发包人逾期不予批准的,则承包人可以通知发包人,将工程受影响的部分视为按第 12.1 款[变更的范围]第(2)项的可取消工作。

暂停施工持续 84 天以上不复工的,且不属于第 9.8.2 项[承包人原因引起的暂停施工]及第 19 条[不可抗力]约定的情形,并影响到整个工程以及合同目的实现的,承包人有权提出价款调整要求,或者解除合同。解除合同的,按照第 18.1.3 项[因发包人违约解除合同]执行。

9.8.8 暂停施工期间的工程照管

暂停施工期间,承包人应负责妥善照管工程并提供安全保障,由此增加的费用由责任方承担。

9.8.9 暂停施工的措施

暂停施工期间,发包人和承包人均应采取必要的措施确保工程质量及安全,防止因暂停施工扩大损失。

9.9 提前竣工

9.9.1 发包人要求承包人提前竣工的,发包人应通过监理人向承包人下达提前竣工指示,承包人应向发包人和监理人提交提前竣工建议书,提前竣工建议书应包括实施的方案、缩短的时间、增加的合同价格等内容。发包人接受该提前竣工建议书的,监理人应与发包人和承包人协商采取加快工程进度的措施,并修订施工进度计划,由此增加的费用由发包人承担。承包人认为提前竣工指示无法执行的,应向监理人和发包人提出书面异议,发包人和监理人应在收到异议后 7 天内予以答复。任何情况下(除抢险和应急项目治理的地质灾害防治工程等以外),发包人不得压缩合理工期。

9.9.2 发包人要求承包人提前竣工,或承包人提出提前竣工的建议能够给发包人带来效益的,合同当事人可以在专用合同条款中约定提前竣工的奖励。

10 材料与设备

10.1 发包人供应材料与工程设备

发包人自行供应材料、工程设备的,应在签订合同时在专用合同条款的附件《发包人供应材料设备一览表》中明确材料、工程设备的品种、规格、型号、数量、单价、质量等级和送达地点。

承包人应提前 30 天通过监理人以书面形式通知发包人供应材料与工程设备进场。承包人按照第 9.2.2 项[施工进度计划的修订]的约定修订施工进度计划时,需同时提交经修订后的发包人供应材料与工程设备的进场计划。

10.2 承包人采购材料与工程设备

承包人负责采购材料、工程设备的,应按照设计和有关标准要求采购,并提供产品合格证明及出厂证明,对材料、工程设备质量负责。合同约定由承包人采购的材料、工程设备,发包人不得指定生产厂家或供应商,发包人违反本款约定指定生产厂家或供应商的,承包人有权拒绝,并由发包人承担相应责任。

10.3 材料与工程设备的接收与拒收

10.3.1 发包人应按《发包人供应材料设备一览表》约定的内容提供材料和工程设备,并向承包人提供产品合格证明及出厂证明,对其质量负责。发包人应提前 24 小时以书面形式通知承包人、监理人材料和工程设备到货时间,承包人负责材料和工程设备的清点、检验和接收。

发包人提供的材料和工程设备的规格、数量或质量不符合合同约定的,或因发包人原因导致交货日期延误或交货地点变更等情况的,按照第18.1款[发包人违约]约定办理。

10.3.2 承包人采购的材料和工程设备,应保证产品质量合格,承包人应在材料和工程设备到货前24小时通知监理人检验。承包人进行永久设备、材料的制造和生产的,应符合相关质量标准,并向监理人提交材料的样本以及有关资料,并应在使用该材料或工程设备之前获得监理人同意。

承包人采购的材料和工程设备不符合设计或有关标准要求时,承包人应在监理人要求的合理期限内将不符合设计或有关标准要求的材料、工程设备运出施工现场,并重新采购符合要求的材料、工程设备,由此增加的费用和(或)延误的工期,由承包人承担。

10.4 材料与工程设备的保管与使用

10.4.1 发包人供应材料与工程设备的保管与使用

发包人供应的材料和工程设备,承包人清点后由承包人妥善保管,保管费用由发包人承担,但已标价工程量清单或预算书已经列支或专用合同条款另有约定的除外。因承包人原因发生丢失毁损的,由承包人负责赔偿;监理人未通知承包人清点的、承包人不负责材料和工程设备保管的,由此导致丢失毁损的,由发包人负责。

使用发包人供应的材料和工程设备前,由承包人负责检验,检验费用由发包人承担,不得使用不合格的材料和工程设备。

10.4.2 承包人采购材料与工程设备的保管与使用

承包人采购的材料和工程设备由承包人妥善保管,保管费用由承包人承担。法律规定材料和工程设备使用前必须进行检验或试验的,承包人应按监理人的要求进行检验或试验,检验或试验费用由承包人承担,不合格的不得使用。

发包人或监理人发现承包人使用不符合设计或有关标准要求的材料和工程设备时,有权要求承包人进行修复、拆除或重新采购,由此增加的费用和(或)延误的工期,由承包人承担。

10.5 禁止使用不合格的材料和工程设备

10.5.1 监理人有权拒绝承包人提供的不合格材料或工程设备,并要求承包人立即进行更换。监理人应在更换后再次进行检查和检验,由此增加的费用和(或)延误的工期由承包人承担。

10.5.2 监理人发现承包人使用了不合格的材料或工程设备,承包人应按照监理人的指示立即改正,并禁止在工程中继续使用不合格的材料或工程设备。

10.5.3 发包人提供的材料或工程设备不符合合同要求的,承包人有权拒绝,并可要求发包人更换,由此增加的费用和(或)延误的工期由发包人承担,并支付承包人合理的利润。

10.6 样品

10.6.1 样品的报送与封存

需要承包人报送样品的材料或工程设备,样品的种类、名称、规格、数量等要求均应在专用合同条款中约定。样品的报送程序如下:

(1)承包人应在计划采购前28天向监理人报送样品。承包人报送的样品均应来自供应材料的实际生产地,且提供的样品的规格、数量足以表明材料或工程设备的质量、型号、颜色、表面处理、质地、误差和其他要求的特征。

(2)承包人每次报送样品时应随附申报单,申报单应载明报送样品的相关数据和资料,并标明每件样品对应的图纸号,预留监理人批复意见栏。监理人应在收到承包人报送的样品后7天内向承包人回复经发包人签认的样品审批意见。

(3)经发包人和监理人审批确认的样品应按约定的方法封样,封存的样品作为检验工程相关部分的标准之一。承包人在施工过程中不得使用与样品不符的材料或工程设备。

(4)发包人和监理人对样品的审批确认仅为确认相关材料或工程设备的特征或用途,不得被理解为对合同的修改或改变,也并不减轻或免除承包人任何的责任和义务。如果封存的样品修改或改变了合同约定,合同当事人应当以书面协议予以确认。

10.6.2 样品的保管

经批准的样品应由监理人负责封存于现场,承包人应在现场为保存样品提供适当和固定的场所并保持适当和良好的存储环境条件。

10.7 材料与工程设备的替代

10.7.1 出现下列情况需要使用替代材料和工程设备的,承包人应按照第10.7.2项约定的程序执行。

(1)基准日期后生效的法律规定禁止使用的;
(2)发包人要求使用替代品的;
(3)因其他原因必须使用替代品的。

10.7.2 承包人应在使用替代材料和工程设备28天前书面通知监理人,并附下列文件:

(1)被替代的材料和工程设备的名称、数量、规格、型号、品牌、性能、价格及其他相关资料;
(2)替代品的名称、数量、规格、型号、品牌、性能、价格及其他相关资料;
(3)替代品与被替代产品之间的差异以及使用替代品可能对工程产生的影响;
(4)替代品与被替代产品的价格差异;
(5)使用替代品的理由和原因说明;
(6)监理人要求的其他文件。

监理人应在收到通知后14天内向承包人发出经发包人签认的书面指示;监理人逾期发出书面指示的,视为发包人和监理人同意使用替代品。

10.7.3 发包人认可使用替代材料和工程设备的,替代材料和工程设备的价格,按照已标价工程量清单或预算书相同项目的价格认定;无相同项目的,参考相似项目价格认定;既无相同项目也无相似项目的,按照合理的成本与利润构成的原则,由合同当事人按照第4.4款[商定或确定]确定价格。

10.8 施工设备和临时设施

10.8.1 承包人提供的施工设备和临时设施

承包人应按合同进度计划的要求,及时配置施工设备和修建临时设施。进入施工场地的承包人设备需经监理人核查后才能投入使用。承包人更换合同约定的承包人设备的,应报监理人批准。

除专用合同条款另有约定外,承包人应自行承担修建临时设施的费用;需要临时占地的,应由发包人办理申请手续并承担相应费用。

10.8.2 发包人提供的施工设备和临时设施

发包人提供的施工设备或临时设施在专用合同条款中约定。

10.8.3 要求承包人增加或更换施工设备

承包人使用的施工设备不能满足合同进度计划和(或)质量要求时,监理人有权要求承包人增加或更换施工设备,承包人应及时增加或更换,由此增加的费用和(或)延误的工期由承包人承担。

10.9 材料与设备专用要求

承包人运入施工现场的材料、工程设备、施工设备以及在施工场地建设的临时设施,包括备品备件、安装工具与资料,必须专用于工程。未经发包人批准,承包人不得运出施工现场或挪作他用;经发包人批准,承包人可以根据施工进度计划撤走闲置的施工设备和其他物品。

11 试验与检验

11.1 试验设备与试验人员

11.1.1 承包人根据合同约定或监理人指示进行的现场材料试验,应由承包人提供试验场所、试验人员、试验设备以及其他必要的试验条件。监理人在必要时可以使用承包人提供的试验场所、试验设备以及其他试验条件,进行以工程质量检查为目的的材料复核试验,承包人应予以协助。

11.1.2 承包人应按专用合同条款的约定提供试验设备、取样装置、试验场所和试验条件,并向监理人提交相应进场计划表。

承包人配置的试验设备要符合相应试验规程的要求并经过具有资质的检测单位检测,且在正式使用该试验设备前,需要经过监理人与承包人共同校定。

11.1.3 承包人应向监理人提交试验人员的名单及其岗位、资格等证明资料,试验人员必须能够熟练地进行相应的检测试验,承包人对试验人员的试验程序和试验结果的正确性负责。

11.2 取样

试验属于自检性质的,承包人可以单独取样。试验属于监理人抽检性质的,可由监理人取样,也可由承包人的试验人员在监理人的监督下取样。

11.3 材料、工程设备和工程的试验和检验

11.3.1 承包人应按合同约定进行材料、工程设备和工程的试验和检验,并为监理人对上述材料、工程设备和工程的质量检查提供必要的试验资料和原始记录。按合同约定应由监理人与承包人共同进行试验和检验的,由承包人负责提供必要的试验资料和原始记录。

11.3.2 试验属于自检性质的,承包人可以单独进行试验。试验属于监理人抽检性质的,监理人可以单独进行试验,也可由承包人与监理人共同进行。承包人对由监理人单独进行的试验结果有异议的,可以申请重新共同进行试验。约定共同进行试验的,监理人未按照约定参加试验的,承包人可自行试验,并将试验结果报送监理人,监理人应承认该试验结果。

11.3.3 监理人对承包人的试验和检验结果有异议的,或为查清承包人试验和检验成果的可靠性要求承包人重新试验和检验的,可由监理人与承包人共同进行。重新试验和检验的结果证明该项材料、工程设备或工程的质量不符合合同要求的,由此增加的费用和(或)延误的工期由承包人承担;重新试验和检验结果证明该项材料、工程设备和工程的质量符合合同要求的,由此增加的费用和(或)延误的工期由发包人承担。

11.4 现场工艺试验

承包人应按合同约定或监理人指示进行现场工艺试验。对大型的现场工艺试验,监理人认为必要时,承包人应根据监理人提出的工艺试验要求,编制工艺试验措施计划,并报送监理人审查。

12 变更

12.1 变更的范围

除专用合同条款另有约定外,合同履行过程中发生以下情形的,应按照本条约定进行变更:

(1)增加或减少合同中任何工作,或追加额外的工作;
(2)取消合同中任何工作,但转由他人实施的工作除外;
(3)改变合同中任何工作的质量标准或其他特性;
(4)改变工程的基准线、标高、位置和尺寸;

(5)改变工程的时间安排或实施顺序。

12.2 变更权

地质灾害防治工程遵循"动态化设计、信息化施工"的原则,承包人在施工过程中发现现场与勘查人、设计人提供的资料出入较大时,应当及时报告监理人和发包人,确有必要,应由发包人通知勘查人和设计人到现场查验,形成会议纪要,在会议纪要的基础上由设计人出具设计变更单或由承包人提出施工洽商单,由设计人确认后,交监理人和发包人审核。

发包人、承包人和监理人均可以提出变更。变更指示均通过监理人发出,监理人发出变更指示前应征得发包人同意。承包人收到经发包人签认的变更指示后,方可实施变更。未经许可,承包人不得擅自对工程的任何部分进行变更。

涉及设计变更的,应由设计人提供变更后的图纸和说明。如变更超过原设计标准或批准的建设规模时,发包人应及时办理规划、设计变更等审批手续。

12.3 变更程序

12.3.1 发包人提出变更

发包人提出变更的,应通过监理人向承包人发出变更指示,变更指示应说明计划变更的工程范围和变更的内容。

12.3.2 监理人提出变更建议

监理人提出变更建议的,需要向发包人以书面形式提出变更计划,说明计划变更工程范围和变更的内容、理由,以及实施该变更对合同价格和工期的影响。发包人同意变更的,由监理人向承包人发出变更指示。发包人不同意变更的,监理人无权擅自发出变更指示;但承包人可根据现场实际情况及其他类似项目的施工经验以书面形式向监理人提出变更建议,若取得监理人同意,可按第12.3.2项[监理人提出变更建议]的形式进行变更。

12.3.3 变更执行

承包人收到监理人下达的变更指示后,若认为不能执行,应立即提出不能执行该变更指示的理由。承包人认为可以执行变更的,应当以书面形式说明实施该变更指示对合同价格和工期的影响,且合同当事人应当按照第12.4款[变更估价]的约定确定变更估价。

12.4 变更估价

12.4.1 变更估价原则

除专用合同条款另有约定外,变更估价按照本款约定处理:
(1)已标价工程量清单或预算书有相同项目的,按照相同项目单价认定;
(2)已标价工程量清单或预算书中无相同项目,但有类似项目的,参照类似项目的单价认定;
(3)变更导致实际完成的变更工程量与已标价工程量清单或预算书中列明的该项目工程量的变化幅度超过15%的,或已标价工程量清单或预算书中无相同项目及类似项目单价的,按照合理的成本与利润构成的原则,由合同当事人按照第4.4款[商定或确定]确定变更工作的单价。

12.4.2 变更估价程序

承包人应在收到变更指示后14天内,向监理人提交变更估价申请。监理人应在收到承包人提交的变更估价申请后7天内审查完毕并报送发包人,监理人对变更估价申请有异议的,通知承包人修改后重新提交。发包人应在承包人提交变更估价申请后14天内审批完毕。发包人逾期未完成审批或未提出异议的,视为认可承包人提交的变更估价申请。

因变更引起的价格调整应计入最近一期的进度款中支付。

12.5 承包人的合理化建议

承包人提出合理化建议的,应向监理人提交合理化建议说明,说明建议的内容和理由,以及实施该建议对合同价格和工期的影响。

除专用合同条款另有约定外,监理人应在收到承包人提交的合理化建议后7天内审查完毕并报送发包人,如果发现其中存在技术上的缺陷,应通知承包人修改。发包人应在收到监理人报送的合理化建议后7天内审批完毕。合理化建议经发包人批准的,监理人应及时发出变更指示,由此引起的合同价格调整按照第12.4款[变更估价]的约定执行。发包人不同意变更的,监理人应书面通知承包人。

合理化建议降低了合同价格或者提高了工程经济、社会效益的,或明显改善了地质灾害防治工程治理后的安全状态的,发包人可对承包人给予奖励,奖励的方法和金额在专用合同条款或在补充协议中约定。

12.6 变更引起的工期调整

因变更引起工期变化的,合同当事人均可要求调整合同工期,由合同当事人按照第4.4款[商定或确定]并参考工程所在地的工期定额标准或参照批准的施工进度计划确定增减工期天数。

12.7 暂估价

暂估价专业工程、服务、材料和工程设备的明细由合同当事人在专用合同条款中约定。

12.7.1 依法必须招标的暂估价项目

对于依法必须招标的暂估价项目,采取以下第1种方式确定。合同当事人也可以在专用合同条款中选择其他招标方式。

第1种方式:对于依法必须招标的暂估价项目,由承包人招标,对该暂估价项目的确认和批准按照以下约定执行。

(1)承包人应当根据施工进度计划,在招标工作启动前14天将招标方案通过监理人报送发包人审查,发包人应当在收到承包人报送的招标方案后7天内批准或提出修改意见。承包人应当按照经过发包人批准的招标方案开展招标工作。

(2)承包人应当根据施工进度计划,提前14天将招标文件通过监理人报送发包人审批,发包人应当在收到承包人报送的相关文件后7天内完成审批或提出修改意见;发包人有权确定招标控制价并按照法律规定参加评标。

(3)承包人与供应商在签订暂估价合同前,应当提前7天将确定的中标候选供应商的资料报送发包人,发包人应在收到资料后3天内与承包人共同确定中标人;承包人应当在签订合同后7天内,将暂估价合同副本报送发包人留存。

第2种方式:对于依法必须招标的暂估价项目,由发包人和承包人共同招标确定暂估价供应商的,承包人应按照施工进度计划在招标工作启动前14天内通知发包人,并提交暂估价招标方案和工作分工。发包人应在收到后7天内确认。确定中标人后,由发包人、承包人与中标人共同签订暂估价合同。

12.7.2 不属于依法必须招标的暂估价项目

除专用合同条款另有约定外,对于不属于依法必须招标的暂估价项目,采取以下第1种方式确定。

第1种方式:对于不属于依法必须招标的暂估价项目,按本项约定确认和批准:

(1)承包人应根据施工进度计划,在签订暂估价项目的采购合同前28天内向监理人提出书面申请。监理人应当在收到申请后3天内报送发包人,发包人应当在收到申请后14天内给予批准或提出修改意见,发包人逾期未给予批准或提出修改意见的,视为该书面申请已获得同意。

(2)发包人认为承包人确定的供应商无法满足工程质量或合同要求的,发包人可以要求承包人重新确定暂估价项目的供应商。

(3)承包人应当在签订暂估价合同后7天内,将暂估价合同副本报送发包人留存。

第2种方式:承包人按照第12.7.1项[依法必须招标的暂估价项目]约定的第1种方式确定暂估价项目。

第3种方式:承包人直接实施的暂估价项目。

承包人具备实施暂估价项目的资格和条件的,经发包人和承包人协商一致后,可由承包人自行实施暂估价项目,合同当事人可以在专用合同条款中约定具体事项。

12.7.3 因发包人原因导致暂估价合同订立和履行迟延的,由此增加的费用和(或)延误的工期由发包人承担,并支付承包人合理的利润。因承包人原因导致暂估价合同订立和履行迟延的,由此增加的费用和(或)延误的工期由承包人承担。

12.8 暂列金额

暂列金额应按照发包人的要求使用,发包人的要求应通过监理人发出。合同当事人可以在专用合同条款中协商确定有关事项。

12.9 计日工

需要采用计日工方式的,经发包人同意后,由监理人通知承包人以计日工计价方式实施相应的工作,其价款按列入已标价工程量清单或预算书中的计日工计价项目及其单价进行计算;已标价工程量清单或预算书中无相应的计日工单价的,按照合理的成本与利润构成的原则,由合同当事人按照第4.4款[商定或确定]确定变更工作的单价。

采用计日工计价的任何一项工作,承包人应在该项工作实施过程中,每天提交以下报表和有关凭证报送监理人审查:

(1)工作名称、内容和数量;
(2)投入该工作的所有人员的姓名、专业、工种、级别和耗用工时;
(3)投入该工作的材料类别和数量;
(4)投入该工作的施工设备型号、台数和耗用台时;
(5)其他有关资料和凭证。

计日工由承包人汇总后,列入最近一期进度付款申请单,由监理人审查并经发包人批准后列入进度付款。

13 价格调整

13.1 市场价格波动引起的调整

除专用合同条款另有约定外,市场价格波动超过合同当事人约定的范围时,合同价格应当调整。合同当事人可以在专用合同条款中约定选择以下一种方式对合同价格进行调整:

第1种方式:采用价格指数进行价格调整。

(1)价格调整公式因人工、材料和设备等价格波动影响合同价格时,根据专用合同条款中的价格指数和权重表约定的数据,按以下公式计算差额并调整合同价格:

$$\Delta P = P_0 \left(A + \sum B_n \frac{F_{tn}}{F_{cn}} - 1 \right)$$

式中:

ΔP——需调整的价格差额;

P_0——约定的付款证书中承包人应得到的已完成工程量的金额；此项金额应不包括价格调整、不计质量保证金的扣留和支付、预付款的支付和扣回；约定的变更及其他金额已按现行价格计价的，也不计在内；

A——定值权重（即不调部分的权重）；

B_n——各可调因子的变值权重（即可调部分的权重），为各可调因子在签约合同价款中所占的比例；

F_{tn}——各可调因子的现行价格指数，指约定的付款证书相关周期最后一天的前42天的各可调因子的价格指数；

F_{on}——各可调因子的基本价格指数，指基准日期的各可调因子的价格指数。

以上价格调整公式中的各可调因子、定值和变值权重，以及基本价格指数及其来源在投标函附录价格指数和权重表中约定，非招标订立的合同，由合同当事人在专用合同条款中约定。价格指数应首先采用工程造价管理机构发布的价格指数，无前述价格指数时，可采用工程造价管理机构发布的价格代替。

（2）暂时确定调整差额。在计算调整差额时无现行价格指数的，合同当事人同意暂用前次价格指数计算。实际价格指数有调整的，合同当事人进行相应调整。

（3）权重的调整。因变更导致合同约定的权重不合理时，按照第4.4款[商定或确定]执行。

（4）因承包人原因工期延误后的价格调整。因承包人原因未按期竣工的，对合同约定的竣工日期后继续施工的工程，在使用价格调整公式时，应采用计划竣工日期与实际竣工日期的两个价格指数中较低的一个作为现行价格指数。

第2种方式：采用造价信息进行价格调整。

合同履行期间，因人工、材料、工程设备和机械台班价格波动影响合同价格时，人工、机械使用费按照国家或省、自治区、直辖市建设行政管理部门、行业建设管理部门或其授权的工程造价管理机构发布的人工、机械使用费系数进行调整；需要进行价格调整的材料，其单价和采购数量应由发包人审批，发包人确认需调整的材料单价及数量，作为调整合同价格的依据。

（1）人工单价发生变化且符合省级或行业建设主管部门发布的人工费调整规定，合同当事人应按省级或行业建设主管部门或其授权的工程造价管理机构发布的人工费等文件调整合同价格，但承包人对人工费或人工单价的报价高于发布价格的除外。

（2）材料、工程设备价格变化的价款调整按照发包人提供的基准价格，按以下风险范围规定执行：

a. 承包人在已标价工程量清单或预算书中载明材料单价低于基准价格的：除专用合同条款另有约定外，合同履行期间材料单价涨幅以基准价格为基础超过5%时，或材料单价跌幅以在已标价工程量清单或预算书中载明材料单价为基础超过5%时，其超过部分据实调整。

b. 承包人在已标价工程量清单或预算书中载明材料单价高于基准价格的：除专用合同条款另有约定外，合同履行期间材料单价跌幅以基准价格为基础超过5%时，或材料单价涨幅以在已标价工程量清单或预算书中载明材料单价为基础超过5%时，其超过部分据实调整。

c. 承包人在已标价工程量清单或预算书中载明材料单价等于基准价格的：除专用合同条款另有约定外，合同履行期间材料单价涨跌幅以基准价格为基础超过5%时，其超过部分据实调整。

d. 承包人应在采购材料前将采购数量和新的材料单价报发包人核对，发包人确认用于工程时，发包人应确认采购材料的数量和单价。发包人在收到承包人报送的确认资料后5天内不予答复的视为认可，作为调整合同价格的依据。未经发包人事先核对，承包人自行采购材料的，发包人有权不予调整合同价格。经发包人同意的,可以调整合同价格。

前述基准价格是指由发包人在招标文件或专用合同条款中给定的材料、工程设备的价格,该价格原则上应当按照省级或行业建设主管部门或其授权的工程造价管理机构发布的信息价编制。

(3)施工机械台班单价或施工机械使用费发生变化超过省级或行业建设主管部门或其授权的工程造价管理机构规定的范围时,按规定调整合同价格。

第3种方式:专用合同条款约定的其他方式。

13.2 法律变化引起的调整

基准日期后,法律变化导致承包人在合同履行过程中所需要的费用发生除第13.1款[市场价格波动引起的调整]约定以外的增加时,由发包人承担由此增加的费用;减少时,应从合同价格中予以扣减。基准日期后,因法律变化造成工期延误时,工期应予以顺延。

因法律变化引起的合同价格和工期调整,合同当事人无法达成一致的,由总监理工程师按第4.4款[商定或确定]的约定处理。

因承包人原因造成工期延误,在工期延误期间出现法律变化的,由此增加的费用和(或)延误的工期由承包人承担。

14 合同价格、计量与支付

14.1 合同价格形式

发包人和承包人应在合同协议书中选择下列一种合同价格形式:

14.1.1 单价合同

单价合同是指合同当事人约定以工程量清单及其综合单价进行合同价格计算、调整和确认的地质灾害治理工程施工合同,在约定的范围内合同单价不作调整。合同当事人应在专用合同条款中约定综合单价包含的风险范围和风险费用的计算方法,并约定风险范围以外的合同价格的调整方法,其中因市场价格波动引起的调整按第13.1款[市场价格波动引起的调整]的约定执行。

14.1.2 总价合同

总价合同是指合同当事人约定以施工图、已标价工程量清单或预算书及有关条件进行合同价格计算、调整和确认的地质灾害治理工程施工合同,在约定的范围内合同总价不作调整。合同当事人应在专用合同条款中约定总价包含的风险范围和风险费用的计算方法,并约定风险范围以外的合同价格的调整方法,其中因市场价格波动引起的调整按第13.1款[市场价格波动引起的调整]的约定执行;因法律变化引起的调整按第13.2款[法律变化引起的调整]的约定执行。

14.1.3 其他价格形式

合同当事人可在专用合同条款中约定其他合同价格形式。

14.2 预付款

14.2.1 预付款的支付

预付款的支付按照专用合同条款约定执行,但最迟应在开工通知载明的开工日期7天前支付。预付款应当用于材料、工程设备、施工设备的采购及修建临时工程、组织施工队伍进场等。

除专用合同条款另有约定外,预付款在进度付款中同比例扣回。在颁发工程接收证书前,提前解除合同的,尚未扣完的预付款应与合同价款一并结算。

发包人逾期支付预付款超过7天的,承包人有权向发包人发出要求预付的催告通知,发包人收到通知后7天内仍未支付的,承包人有权暂停施工,并按第18.1.1项[发包人违约的情形]执行。

14.2.2 预付款担保

发包人要求承包人提供预付款担保的,承包人应在发包人支付预付款 7 天前提供预付款担保,专用合同条款另有约定除外。预付款担保可采用银行保函、担保公司担保等形式,具体由合同当事人在专用合同条款中约定。在预付款完全扣回之前,承包人应保证预付款担保持续有效。

发包人在工程款中逐期扣回预付款后,预付款担保额度应相应减少,但剩余的预付款担保金额不得低于未被扣回的预付款金额。

14.3 计量

14.3.1 计量原则

因自然因素造成的地质灾害的防治经费,应当列入中央和地方有关人民政府的财政预算;因工程建设等人为活动引发的地质灾害的治理费用,按照谁引发谁治理的原则由责任单位承担。

工程量计量按照合同约定的工程量计算规则、图纸及变更指示等进行计量。工程量计算规则应以相关的国家标准、行业标准等为依据,由合同当事人在专用合同条款中约定。

14.2.2 计量周期

除专用合同条款另有约定外,工程量的计量按月进行。

14.3.3 单价合同的计量

除专用合同条款另有约定外,单价合同的计量按照本项约定执行:

(1)承包人应于每月 25 日向监理人报送上月 20 日至当月 19 日已完成的工程量报告,并附具进度付款申请单、已完成工程量报表和有关资料。

(2)监理人应在收到承包人提交的工程量报告后 7 天内完成对承包人提交的工程量报表的审核并报送发包人,以确定当月实际完成的工程量。监理人对工程量有异议的,有权要求承包人进行共同复核或抽样复测。承包人应协助监理人进行复核或抽样复测,并按监理人要求提供补充计量资料。承包人未按监理人要求参加复核或抽样复测的,监理人复核或修正的工程量视为承包人实际完成的工程量。

(3)监理人未在收到承包人提交的工程量报表后的 7 天内完成审核的,承包人报送的工程量报告中的工程量视为承包人实际完成的工程量,据此计算工程价款。

14.3.4 总价合同的计量

除专用合同条款另有约定外,按月计量支付的总价合同,按照本项约定执行:

(1)承包人应于每月 25 日向监理人报送上月 20 日至当月 19 日已完成的工程量报告,并附具进度付款申请单、已完成工程量报表和有关资料。

(2)监理人应在收到承包人提交的工程量报告后 7 天内完成对承包人提交的工程量报表的审核并报送发包人,以确定当月实际完成的工程量。监理人对工程量有异议的,有权要求承包人进行共同复核或抽样复测。承包人应协助监理人进行复核或抽样复测,并按监理人要求提供补充计量资料。承包人未按监理人要求参加复核或抽样复测的,监理人审核或修正的工程量视为承包人实际完成的工程量。

(3)监理人未在收到承包人提交的工程量报表后的 7 天内完成复核的,承包人提交的工程量报告中的工程量视为承包人实际完成的工程量。

14.3.5

总价合同采用支付分解表计量支付的,可以按照第 14.3.4 项[总价合同的计量]的约定进行计量,但合同价款按照支付分解表进行支付。

14.3.6 其他价格形式合同的计量

合同当事人可在专用合同条款中约定其他价格形式合同的计量方式和程序。

14.4 工程进度款支付

14.4.1 付款周期

除专用合同条款另有约定外,付款周期应按照第14.3.2项[计量周期]的约定与计量周期保持一致。

14.4.2 进度付款申请单的编制

除专用合同条款另有约定外,进度付款申请单应包括下列内容:

(1)截至本次付款周期已完成工作对应的金额;
(2)根据第12条[变更]应增加和扣减的变更金额;
(3)根据第14.2款[预付款]约定应支付的预付款和扣减的返还预付款;
(4)根据第17.3款[质量保证金]约定应扣减的质量保证金;
(5)根据第21条[索赔]应增加和扣减的索赔金额;
(6)对已签发的进度款支付证书中出现错误的修正,应在本次进度付款中支付或扣除的金额;
(7)根据合同约定应增加和扣减的其他金额。

14.4.3 进度付款申请单的提交

14.4.3.1 单价合同进度付款申请单的提交

单价合同的进度付款申请单,按照第14.3.3项[单价合同的计量]约定的时间按月向监理人提交,并附上已完成工程量报表和有关资料。单价合同中的总价项目按月进行支付分解,并汇总列入当期进度付款申请单。

14.4.3.2 总价合同进度付款申请单的提交

总价合同按月计量支付的,承包人按照第14.3.4项[总价合同的计量]约定的时间按月向监理人提交进度付款申请单,并附上已完成工程量报表和有关资料。

总价合同按支付分解表支付的,承包人应按照第14.4.6项[支付分解表]及第14.4.2项[进度付款申请单的编制]的约定向监理人提交进度付款申请单。

14.4.3.3 其他价格形式合同的进度付款申请单的提交

合同当事人可在专用合同条款中约定其他价格形式合同的进度付款申请单的编制和提交程序。

14.4.4 进度款审核和支付

(1)除专用合同条款另有约定外,监理人应在收到承包人进度付款申请单以及相关资料后7天内完成审查并报送发包人,发包人应在收到监理人报送的进度付款申请单及相关资料后7天内完成审批并签发进度款支付证书。发包人逾期未完成审批且未提出异议的,视为已签发进度款支付证书。

发包人和监理人对承包人的进度付款申请单有异议的,有权要求承包人修正和提供补充资料,承包人应提交修正后的进度付款申请单。监理人应在收到承包人修正后的进度付款申请单及相关资料后7天内完成审查并报送发包人,发包人应在收到监理人报送的进度付款申请单及相关资料后7天内,向承包人签发无异议部分的临时进度款支付证书。存在争议的部分,按照第22条[争议解决]的约定处理。

(2)除专用合同条款另有约定外,发包人应在进度款支付证书或临时进度款支付证书签发后14天内完成支付,发包人逾期支付进度款的,应按照中国人民银行发布的同期同类贷款基准利率支付违约金。

(3)发包人签发进度款支付证书或临时进度款支付证书,不表明发包人已同意、批准或接受了承包人完成的相应部分的工作。

14.4.5 进度付款的修正

在对已签发的进度款支付证书进行阶段汇总和复核中发现错误、遗漏或重复的,发包人和承包人均有权提出修正申请。经发包人和承包人同意的修正,应在下期进度付款中支付或扣除。

14.4.6 支付分解表

14.4.6.1 支付分解表的编制要求

(1)支付分解表中所列的每期付款金额,应为第14.4.2项[进度付款申请单的编制]第(1)目的估算金额。

(2)实际进度与施工进度计划不一致的,合同当事人可按照第4.4款[商定或确定]修改支付分解表。

(3)不采用支付分解表的,承包人应向发包人和监理人提交按季度编制的支付估算分解表,用于支付参考。

14.4.6.2 总价合同支付分解表的编制与审批

(1)除专用合同条款另有约定外,承包人应根据第9.2款[施工进度计划]约定的施工进度计划、签约合同价和工程量等因素对总价合同按月进行分解,编制支付分解表。承包人应当在收到监理人和发包人批准的施工进度计划后7天内,将支付分解表及编制支付分解表的支持性资料报送监理人。

(2)监理人应在收到支付分解表后7天内完成审核并报送发包人。发包人应在收到经监理人审核的支付分解表后7天内完成审批,经发包人批准的支付分解表为有约束力的支付分解表。

(3)发包人逾期未完成支付分解表审批的,也未及时要求承包人进行修正和提供补充资料的,则承包人提交的支付分解表视为已经获得发包人批准。

14.4.6.3 单价合同的总价项目支付分解表的编制与审批

除专用合同条款另有约定外,单价合同的总价项目,由承包人根据施工进度计划和总价项目的总价构成、费用性质、计划发生时间和相应工程量等因素按月进行分解,形成支付分解表,其编制与审批参照总价合同支付分解表的编制与审批执行。

14.5 支付账户

发包人应将合同价款支付至合同协议书中约定的承包人账户。

15 验收

15.1 分部分项工程验收

分部分项工程质量应符合国家地质灾害防治工程标准和技术规范等有关工程施工验收规范、标准及合同约定,承包人应按照施工组织设计的要求完成分部分项工程施工。

除专用合同条款另有约定外,分部分项工程经承包人自检合格并具备验收条件的,承包人应提前48小时通知监理人进行验收。监理人不能按时进行验收的,应在验收前24小时向承包人提交书面延期要求,但延期不能超过48小时。监理人未按时进行验收,也未提出延期要求的,承包人有权自行验收,监理人应认可验收结果。分部分项工程未经验收的,不得进入下一道工序施工。

分部分项工程的验收资料应当作为竣工资料的组成部分。

15.2 竣工验收

15.2.1 竣工验收条件

工程具备以下条件的,承包人可以申请竣工验收:

(1)除发包人同意的甩项工作和缺陷修补工作外,合同范围内的全部工程以及有关工作,包括合

同要求的试验、试运行以及检验均已完成,并符合合同要求;

(2)已按合同约定编制了甩项工作和缺陷修补工作清单以及相应的施工计划;

(3)已按合同约定的内容和份数备齐竣工资料。

15.2.2 竣工验收程序

除专用合同条款另有约定外,承包人申请竣工验收的,应当按照以下程序进行:

(1)承包人向监理人报送竣工初步验收申请报告,监理人应在收到竣工验收申请报告后14天内完成审查并报送发包人。监理人审查后认为尚不具备验收条件的,应通知承包人在竣工初步验收前承包人还需完成的工作内容,承包人应在完成监理人通知的全部工作内容后,再次提交竣工初步验收申请报告。

(2)监理人审查后认为已具备竣工初步验收条件的,应将竣工初步验收申请报告提交发包人,发包人应在收到经监理人审核的竣工初步验收申请报告后28天内审批完毕并组织当地工程质量监督部门和监理、承包、设计、勘查等所在相关单位和人员完成竣工初步验收。

(3)对竣工初步验收合格的,发包人应当组织从当地国土资源管理部门专家库中抽取专家组成专家组,会同当地财政部门、发展与改革委员会、国土资源管理部门和项目参建各方对项目进行竣工验收。

(4)竣工验收合格的,发包人应在验收合格后14天内向承包人签发工程接收证书。发包人无正当理由逾期不颁发工程接收证书的,自验收合格后第15天起视为已颁发工程接收证书。

(5)竣工验收不合格的,监理人应按照验收意见发出指示,要求承包人对不合格工程返工、修复或采取其他补救措施,由此增加的费用和(或)延误的工期由承包人承担。承包人在完成不合格工程的返工、修复或采取其他补救措施后,应重新提交竣工验收申请报告,并按本项约定的程序重新进行验收。

(6)工程未经验收或验收不合格,发包人擅自使用的,应在转移占有工程后7天内向承包人颁发工程接收证书;发包人无正当理由逾期不颁发工程接收证书的,自转移占有工程后第15天起视为已颁发工程接收证书。

除专用合同条款另有约定外,发包人不按照本项约定组织竣工验收、颁发工程接收证书的,每逾期一天,应以签约合同价为基数,按照中国人民银行发布的同期同类贷款基准利率支付违约金。

15.2.3 竣工日期

工程经竣工验收合格的,以承包人提交竣工验收申请报告之日为实际竣工日期,并在工程接收证书中载明;因发包人原因,未在监理人收到承包人提交的竣工验收申请报告42天内完成竣工验收,或完成竣工验收不予签发工程接收证书的,以提交竣工验收申请报告的日期为实际竣工日期;工程未经竣工验收,发包人擅自使用的,以转移占有工程之日为实际竣工日期。

15.2.4 拒绝接收全部或部分工程

对于竣工验收不合格的工程,承包人完成整改后,应当重新进行竣工验收,经重新组织验收仍不合格的且无法采取措施补救的,则发包人可以拒绝接收不合格工程,因不合格工程导致其他工程不能正常使用的,承包人应采取措施确保相关工程的正常使用,由此增加的费用和(或)延误的工期由承包人承担。

15.2.5 移交、接收全部与部分工程

除专用合同条款另有约定外,合同当事人应当在颁发工程接收证书后7天内完成工程的移交。

发包人无正当理由不接收工程的,发包人自应当接收工程之日起,承担工程照管、成品保护、保管等与工程有关的各项费用,合同当事人可以在专用合同条款中另行约定发包人逾期接收工程的违

约责任。

承包人无正当理由不移交工程的,承包人应承担工程照管、成品保护、保管等与工程有关的各项费用,合同当事人可以在专用合同条款中另行约定承包人无正当理由不移交工程的违约责任。

15.3 提前交付分部工程的验收

15.3.1 发包人需要在工程竣工前使用分部工程的,或承包人提出提前交付已经竣工的分部工程且经发包人同意的,可进行分部工程验收,验收的程序按照第15.2款[竣工验收]的约定进行。

验收合格后,由监理人向承包人出具经发包人签认的分部工程接收证书。已签发分部工程接收证书的单位工程由发包人负责照管。分部工程的验收成果和结论作为整体工程竣工验收申请报告的附件。

15.3.2 发包人要求在工程竣工前交付分部工程,由此导致承包人费用增加和(或)工期延误的,由发包人承担由此增加的费用和(或)延误的工期,并支付承包人合理的利润。

15.4 施工期运行

15.4.1 施工期运行是指合同工程尚未全部竣工,其中某项或某几项分部工程已竣工,根据专用合同条款约定需要投入施工期运行的,经发包人按第15.3款[提前交付分部工程的验收]的约定验收合格,证明能确保安全后,才能在施工期投入运行。

15.4.2 在施工期运行中发现工程损坏或存在缺陷的,由承包人按第17.2款[缺陷责任期]的约定进行修复。

15.5 竣工退场

15.5.1 竣工退场

颁发工程接收证书后,承包人应按以下要求对施工现场进行清理:

(1)施工现场内残留的垃圾已全部清除出场;
(2)临时工程已拆除,场地已进行清理、平整或复原;
(3)按合同约定应撤离的人员、承包人施工设备和剩余的材料,包括废弃的施工设备和材料,已按计划撤离施工现场;
(4)施工现场周边及其附近道路、河道的施工堆积物,已全部清理;
(5)施工现场及其他场地清理工作已全部完成。

施工现场的竣工退场费用由承包人承担。承包人应在专用合同条款约定的期限内完成竣工退场,逾期未完成的,发包人有权出售或另行处理承包人遗留的物品,由此支出的费用由承包人承担,发包人出售承包人遗留物品所得款项在扣除必要费用后应返还承包人。

15.5.2 地表还原

承包人应按发包人要求恢复临时占地及清理场地,承包人未按发包人的要求恢复临时占地,或者场地清理未达到合同约定要求的,发包人有权委托其他人恢复或清理,所发生的费用由承包人承担。

16 竣工结算

16.1 竣工结算申请

除专用合同条款另有约定外,承包人应在工程竣工验收合格后28天内向发包人和监理人提交竣工结算申请单,并提交完整的结算资料,有关竣工结算申请单的资料清单和份数等要求由合同当事人在专用合同条款中约定。

除专用合同条款另有约定外,竣工结算申请单应包括以下内容:

(1)竣工结算合同价格；
(2)发包人已支付承包人的款项；
(3)应扣留的质量保证金；
(4)发包人应支付承包人的合同价款。

16.2 竣工结算审核

(1)除专用合同条款另有约定外,监理人应在收到竣工结算申请单后14天内完成核查并报送发包人。发包人应在收到监理人提交的经审核的竣工结算申请单后14天内完成审批,并由监理人向承包人签发经发包人签认的竣工付款证书。监理人或发包人对竣工结算申请单有异议的,有权要求承包人进行修正和提供补充资料,承包人应提交修正后的竣工结算申请单。

发包人在收到承包人提交竣工结算申请书后28天内未完成审批且未提出异议的,视为发包人认可承包人提交的竣工结算申请单,并自发包人收到承包人提交的竣工结算申请单后第29天起视为已签发竣工付款证书。

(2)除专用合同条款另有约定外,发包人应在签发竣工付款证书后的14天内,完成对承包人的竣工付款。发包人逾期支付的,按照中国人民银行发布的同期同类贷款基准利率支付违约金;逾期支付超过56天的,按照中国人民银行发布的同期同类贷款基准利率的两倍支付违约金。

(3)承包人对发包人签认的竣工付款证书有异议的,对于有异议部分应在收到发包人签认的竣工付款证书后7天内提出异议,并由合同当事人按照专用合同条款约定的方式和程序进行复核,或按照本合同第22条[争议解决]的约定处理。对于无异议部分,发包人应签发临时竣工付款证书,并按本款第(2)目完成付款。承包人逾期未提出异议的,视为认可发包人的审批结果。

16.3 甩项竣工协议

发包人要求甩项竣工的,合同当事人应签订甩项竣工协议。在甩项竣工协议中应明确,合同当事人按照第16.1款[竣工结算申请]及16.2款[竣工结算审核]的约定,对已完成合格工程进行结算,并支付相应合同价款。

16.4 最终结清

16.4.1 最终结清申请单

(1)除专用合同条款另有约定外,承包人应在缺陷责任期结束证书颁发后7天内,按专用合同条款约定的份数向发包人提交最终结清申请单,并提供相关证明材料。

除专用合同条款另有约定外,最终结清申请单应列明质量保证金、应扣除的质量保证金、缺陷责任期内发生的增减费用。

(2)发包人对最终结清申请单内容有异议的,有权要求承包人进行修正和提供补充资料,承包人应向发包人提交修正后的最终结清申请单。

16.4.2 最终结清证书和支付

(1)除专用合同条款另有约定外,发包人应在收到承包人提交的最终结清申请单后14天内完成审批并向承包人颁发最终结清证书。发包人逾期未完成审批,又未提出修改意见的,视为发包人同意承包人提交的最终结清申请单,且自发包人收到承包人提交的最终结清申请单后15天起视为已颁发最终结清证书。

(2)除专用合同条款另有约定外,发包人应在颁发最终结清证书后7天内完成支付。发包人逾期支付的,按照中国人民银行发布的同期同类贷款基准利率支付违约金;逾期支付超过56天的,按照中国人民银行发布的同期同类贷款基准利率的两倍支付违约金。

(3)承包人对发包人颁发的最终结清证书有异议的,按照第22条[争议解决]的约定办理。

17 缺陷责任与保修

17.1 工程保修的原则

在工程移交发包人或管护责任人后,因承包人原因产生的质量缺陷,承包人应承担质量缺陷责任和保修义务。缺陷责任期届满后,承包人仍应按合同约定的工程各部位保修年限承担保修义务。

17.2 缺陷责任期

17.2.1 缺陷责任期自实际竣工日期起计算,合同当事人应在专用合同条款中约定缺陷责任期的具体期限,但该期限最长不超过2个水文年。

单位工程先于全部工程进行验收,经验收合格并交付使用的,该单位工程缺陷责任期自单位工程验收合格之日起开始计算。因发包人原因导致工程无法按合同约定期限进行竣工验收的,缺陷责任期自承包人提交竣工验收申请报告之日起开始计算;发包人未经竣工验收擅自使用工程的,缺陷责任期自工程转移占有之日起开始计算。

17.2.2 工程竣工验收合格后,因承包人原因导致的缺陷或损坏致使工程、单位工程或某项主要设备不能按原定目的使用的,则发包人有权要求承包人延长缺陷责任期,并应在原缺陷责任期届满前发出延长通知,但缺陷责任期最长不能超过2个水文年。

17.2.3 任何一项缺陷或损坏修复后,经检查证明其影响了工程或工程设备的使用性能,承包人应重新进行合同约定的试验和试运行,试验和试运行的全部费用应由责任方承担。

17.2.4 除专用合同条款另有约定外,承包人应于缺陷责任期届满后7天内向发包人发出缺陷责任期届满通知,发包人应在收到缺陷责任期满通知后14天内核实承包人是否履行缺陷修复义务,承包人未能履行缺陷修复义务的,发包人有权扣除相应金额的维修费用。发包人应在收到缺陷责任期届满通知后14天内,向承包人颁发缺陷责任期结束证书。

17.3 质量保证金

经合同当事人协商一致扣留质量保证金的,应在专用合同条款中予以明确。

17.3.1 承包人提供质量保证金的方式

承包人提供质量保证金有以下三种方式:

(1)质量保证金保函;
(2)相应比例的工程款;
(3)双方约定的其他方式。

除专用合同条款另有约定外,质量保证金原则上采用上述第(1)种方式。

17.3.2 质量保证金的扣留

质量保证金的扣留有以下三种方式:

(1)在支付工程进度款时逐次扣留,在此情形下,质量保证金的计算基数不包括预付款的支付、扣回以及价格调整的金额;
(2)工程竣工结算时一次性扣留质量保证金;
(3)双方约定的其他扣留方式。

除专用合同条款另有约定外,质量保证金的扣留原则上采用上述第(1)种方式。

发包人累计扣留的质量保证金不得超过结算合同价格的5%,如承包人在发包人签发竣工付款证书后28天内提交质量保证金保函,发包人应同时退还扣留的作为质量保证金的工程价款。

17.3.3 质量保证金的退还

发包人应按16.4款[最终结清]的约定退还质量保证金。

17.4 保修

17.4.1 保修责任

工程保修期从工程竣工验收合格之日起开始计算,具体分部分项工程的保修期由合同当事人在专用合同条款中约定,但不得低于法定最低保修年限。在工程保修期内,承包人应当根据有关法律规定以及合同约定承担保修责任。

发包人未经竣工验收擅自使用工程的,保修期自转移占有之日起开始计算。

17.4.2 修复费用

保修期内,修复的费用按照以下约定处理:

(1)保修期内,因承包人原因造成工程的缺陷、损坏,承包人应负责修复,并承担修复的费用以及因工程的缺陷、损坏造成的人身伤害和财产损失;

(2)保修期内,因发包人使用不当造成工程的缺陷、损坏,可以委托承包人修复,但发包人应承担修复的费用,并支付承包人合理利润;

(3)因其他原因造成工程的缺陷、损坏,可以委托承包人修复,发包人应承担修复的费用,并支付承包人合理的利润,因工程的缺陷、损坏造成的人身伤害和财产损失由责任方承担。

17.4.3 修复通知

在保修期内,发包人或管护责任人在使用过程中,发现已接收的工程存在缺陷或损坏的,应书面通知承包人予以修复,但情况紧急必须立即修复缺陷或损坏的,发包人可以口头通知承包人并在口头通知后48小时内书面确认,承包人应在专用合同条款约定的合理期限内到达工程现场并修复缺陷或损坏。

17.4.4 未能修复

因承包人原因造成工程的缺陷或损坏,承包人拒绝维修或未能在合理期限内修复缺陷或损坏,且经发包人或管护责任人书面催告后仍未修复的,发包人有权自行修复或委托第三方修复,所需费用由承包人承担。但修复范围超出缺陷或损坏范围的,超出范围部分的修复费用由发包人承担。

17.4.5 承包人出入权

在保修期内,为了修复缺陷或损坏,承包人有权出入工程现场,除情况紧急必须立即修复缺陷或损坏外,承包人应提前24小时通知发包人进场修复的时间。承包人进入工程现场前应获得发包人同意,且不应影响发包人正常的生产经营,并应遵守发包人有关保安和保密等规定。

18 违约

18.1 发包人违约

18.8.1 发包人违约的情形

在合同履行过程中发生的下列情形,属于发包人违约:

(1)因发包人原因未能在计划开工日期前7天内下达开工通知的;

(2)因发包人原因未能按合同约定支付合同价款的;

(3)发包人违反第12.1款[变更的范围]第(2)目的约定,自行实施被取消的工作或转由他人实施的;

(4)发包人提供的材料、工程设备的规格、数量或质量不符合合同约定,或因发包人原因导致交货日期延误或交货地点变更等情况的;

(5)因发包人违反合同约定造成暂停施工的;
(6)发包人无正当理由没有在约定期限内发出复工指示,导致承包人无法复工的;
(7)发包人明确表示或者以其行为表明不履行合同主要义务的;
(8)发包人未能按照合同约定履行其他义务的。

发包人发生除本项第(7)目以外的违约情况时,承包人可向发包人发出通知,要求发包人采取有效措施纠正违约行为。发包人收到承包人通知后28天内仍不纠正违约行为的,承包人有权暂停相应部位工程施工,并通知监理人。

18.1.2 发包人违约的责任

发包人应承担因其违约给承包人增加的费用和(或)延误的工期,并支付承包人合理的利润。此外,合同当事人可在专用合同条款中另行约定发包人违约责任的承担方式和计算方法。

18.1.3 因发包人违约解除合同

除专用合同条款另有约定外,承包人按照第18.1.1项[发包人违约的情形]的约定暂停施工满28天后,发包人仍不纠正其违约行为并致使合同目的不能实现的,或出现第18.1.1项[发包人违约的情形]第(7)目约定的违约情况,承包人有权解除合同,发包人应承担由此增加的费用,并支付承包人合理的利润。

18.1.4 因发包人违约解除合同后的付款

承包人按照本款约定解除合同的,发包人应在解除合同后28天内支付下列款项,并解除履约担保:
(1)合同解除前所完成工作的价款;
(2)承包人为工程施工订购并已付款的材料、工程设备和其他物品的价款;
(3)承包人撤离施工现场以及遣散承包人人员的款项;
(4)按照合同约定在合同解除前应支付的违约金;
(5)按照合同约定应当支付给承包人的其他款项;
(6)按照合同约定应退还的质量保证金;
(7)因解除合同给承包人造成的损失。

合同当事人未能就解除合同后的结清达成一致的,按照第22条[争议解决]的约定处理。

承包人应妥善做好已完成工程和与工程有关的已购材料、工程设备的保护工作和移交工作,并将施工设备和人员撤出施工现场,发包人应为承包人撤出提供必要条件。

18.2 承包人违约

18.2.1 承包人违约的情形

在合同履行过程中发生的下列情形,属于承包人违约:
(1)承包人违反合同约定进行转包;
(2)承包人违反合同约定采购和使用不合格的材料和工程设备的;
(3)因承包人原因导致工程质量不符合合同要求的;
(4)承包人违反第10.9款[材料与设备专用要求]的约定,未经批准,私自将已按照合同约定进入施工现场的材料或设备撤离施工现场的;
(5)承包人未能按施工进度计划及时完成合同约定的工作,造成工期延误的;
(6)承包人在缺陷责任期及保修期内,未能在合理期限对工程缺陷进行修复,或拒绝按发包人或管护责任人要求进行修复的;
(7)承包人明确表示或者以其行为表明不履行合同主要义务的;

(8)承包人未能按照合同约定履行其他义务的。

承包人发生除本项第(7)目约定以外的其他违约情况时,监理人可向承包人发出整改通知,要求其在指定的期限内改正。

18.2.2 承包人违约的责任

承包人应承担因其违约行为而增加的费用和(或)延误的工期。此外,合同当事人可在专用合同条款中另行约定承包人违约责任的承担方式和计算方法。

18.2.3 因承包人违约解除合同

除专用合同条款另有约定外,出现第18.2.1项[承包人违约的情形]第(7)目约定的违约情况时,或监理人发出整改通知后,承包人在指定的合理期限内仍不纠正违约行为并致使合同目的不能实现的,发包人有权解除合同。合同解除后,因继续完成工程的需要,发包人有权使用承包人在施工现场的材料、设备、临时工程、承包人文件和由承包人或以其名义编制的其他文件,合同当事人应在专用合同条款约定相应费用的承担方式。发包人继续使用的行为不免除或减轻承包人应承担的违约责任。

18.2.4 因承包人违约解除合同后的处理

因承包人原因导致合同解除的,则合同当事人应在合同解除后28天内完成估价、付款和清算,并按以下约定执行:

(1)合同解除后,按第4.4款[商定或确定]商定或确定承包人实际完成工作量对应的合同价款,以及承包人已提供的材料、工程设备、施工设备和临时工程等的价值;

(2)合同解除后,承包人应支付的违约金;

(3)合同解除后,因解除合同给发包人造成的损失;

(4)合同解除后,承包人应按照发包人要求和监理人的指示完成现场的清理和撤离;

(5)发包人和承包人应在合同解除后进行清算,出具最终结清付款证书,结清全部款项。

因承包人违约解除合同的,发包人有权暂停对承包人的付款,查清各项付款和已扣款项。发包人和承包人未能就合同解除后的清算和款项支付达成一致的,按照第22条[争议解决]的约定处理。

18.2.5 采购合同权益转让

因承包人违约解除合同的,发包人有权要求承包人将其为实施合同而签订的材料和设备的采购合同的权益转让给发包人,承包人应在收到解除合同通知后14天内,协助发包人与采购合同的供应商达成相关的转让协议。

18.3 第三方造成的违约

在履行合同过程中,合同一方当事人因第三方的原因造成违约的,应当向合同另一方当事人承担违约责任。合同一方当事人和第三方之间的纠纷,依照法律规定或者按照约定解决。

19 不可抗力

19.1 不可抗力的确认

不可抗力是指合同当事人在签订合同时不可预见,在合同履行过程中不可避免且不能克服的自然灾害和社会性突发事件,如地震、海啸、瘟疫、骚乱、戒严、暴动、战争和专用合同条款中约定的其他情形。

不可抗力发生后,发包人和承包人应收集证明不可抗力发生及不可抗力造成损失的证据,并及时认真统计所造成的损失。合同当事人对是否属于不可抗力或其损失的意见不一致的,由监理人按第4.4款[商定或确定]的约定处理。发生争议时,按第22条[争议解决]的约定处理。

19.2 不可抗力的通知

合同一方当事人遇到不可抗力事件,使其履行合同义务受到阻碍时,应立即通知合同另一方当事人和监理人,书面说明不可抗力和受阻碍的详细情况,并提供必要的证明。

不可抗力持续发生的,合同一方当事人应及时向合同另一方当事人和监理人提交中间报告,说明不可抗力和履行合同受阻的情况,并于不可抗力事件结束后28天内提交最终报告及有关资料。

19.3 不可抗力后果的承担

19.3.1 不可抗力引起的后果及造成的损失由合同当事人按照法律规定及合同约定各自承担。不可抗力发生前已完成的工程应当按照合同约定进行计量支付。

19.3.2 不可抗力导致的人员伤亡、财产损失、费用增加和(或)工期延误等后果,由合同当事人按以下原则承担:

(1)永久工程、已运至施工现场的材料和工程设备的损坏,以及因工程损坏造成的第三方人员伤亡和财产损失由发包人承担;

(2)承包人施工设备的损坏由承包人承担;

(3)发包人和承包人承担各自人员伤亡和财产的损失;

(4)因不可抗力影响承包人履行合同约定的义务,已经引起或将引起工期延误的,应当顺延工期,由此导致承包人停工的费用损失由发包人和承包人合理分担,停工期间必须支付的工人工资由发包人承担;

(5)因不可抗力引起或将引起工期延误,发包人要求赶工的,由此增加的赶工费用由发包人承担;

(6)承包人在停工期间按照发包人要求照管、清理和修复工程的费用由发包人承担。

不可抗力发生后,合同当事人均应采取措施尽量避免和减少损失的扩大,任何合同一方当事人没有采取有效措施导致损失扩大的,应对扩大的损失承担责任。

因合同一方当事人迟延履行合同义务,在迟延履行期间遭遇不可抗力的,不免除其违约责任。

19.4 因不可抗力解除合同

因不可抗力导致合同无法履行连续超过84天或累计超过140天的,发包人和承包人均有权解除合同。合同解除后,由双方当事人按照第4.4款[商定或确定]商定或确定发包人应支付的款项,该款项包括:

(1)合同解除前承包人已完成工作的价款;

(2)承包人为工程订购的并已交付给承包人,或承包人有责任接受交付的材料、工程设备和其他物品的价款;

(3)发包人要求承包人退货或解除订货合同而产生的费用,或因不能退货或解除合同而产生的损失;

(4)承包人撤离施工现场以及遣散承包人人员的费用;

(5)按照合同约定在合同解除前应支付给承包人的其他款项;

(6)扣减承包人按照合同约定应向发包人支付的款项;

(7)双方商定或确定的其他款项。

除专用合同条款另有约定外,合同解除后,发包人应在商定或确定上述款项后28天内完成上述款项的支付。

20 保险

20.1 工程保险

除专用合同条款另有约定外,发包人应投保建筑工程一切险或安装工程一切险;发包人委托承包人投保的,因投保产生的保险费和其他相关费用由发包人承担。

20.2 工伤保险

20.2.1 发包人应依照法律规定参加工伤保险,并为在施工现场的全部员工办理工伤保险,缴纳工伤保险费,并要求监理人以及由发包人为履行合同聘请的第三方依法参加工伤保险。

20.2.2 承包人应依照法律规定参加工伤保险,并为其履行合同的全部员工办理工伤保险,缴纳工伤保险费,并要求承包人为履行合同聘请的第三方依法参加工伤保险。

20.3 其他保险

发包人和承包人可以为其施工现场的全部人员办理意外伤害保险并支付保险费,包括其员工以及为履行合同聘请的第三方的人员,具体事项由合同当事人在专用合同条款约定。

除专用合同条款另有约定外,承包人应为其施工设备等办理财产保险。

20.4 持续保险

合同当事人应与保险人保持联系,使保险人能够随时了解工程实施中的变动,并确保按保险合同条款要求持续保险。

20.5 保险凭证

合同一方当事人应及时向合同另一方当事人提交其已投保的各项保险的凭证和保险单复印件。

20.6 未按约定投保的补救

20.6.1 发包人未按合同约定办理保险,或未能使保险持续有效的,则承包人可代为办理,所需费用由发包人承担。发包人未按合同约定办理保险,导致未能得到足额赔偿的,由发包人负责补足。

20.6.2 承包人未按合同约定办理保险,或未能使保险持续有效的,则发包人可代为办理,所需费用由承包人承担。承包人未按合同约定办理保险,导致未能得到足额赔偿的,由承包人负责补足。

20.7 通知义务

除专用合同条款另有约定外,发包人变更除工伤保险之外的保险合同时,应事先征得承包人同意,并通知监理人;承包人变更除工伤保险之外的保险合同时,应事先征得发包人同意,并通知监理人。

保险事故发生时,投保人应按照保险合同规定的条件和期限及时向保险人报告。发包人和承包人应当在知道保险事故发生后及时通知对方。

21 索赔

21.1 承包人的索赔

根据合同约定,承包人认为有权得到追加付款和(或)延长工期的,应按以下程序向发包人提出索赔:

(1)承包人应在知道或应当知道索赔事件发生后28天内,向监理人递交索赔意向通知书,并说明发生索赔事件的事由;承包人未在前述28天内发出索赔意向通知书的,丧失要求追加付款和(或)延长工期的权利。

(2)承包人应在发出索赔意向通知书后28天内,向监理人正式递交索赔报告;索赔报告应详细说明索赔理由以及要求追加的付款金额和(或)延长的工期,并附必要的记录和证明材料。

(3)索赔事件具有持续影响的,承包人应按合理时间间隔继续递交延续索赔通知,说明持续影响的实际情况和记录,列出累计的追加付款金额和(或)工期延长天数。

(4)在索赔事件影响结束后28天内,承包人应向监理人递交最终索赔报告,说明最终要求索赔的追加付款金额和(或)延长的工期,并附必要的记录和证明材料。

21.2 对承包人索赔的处理

对承包人索赔的处理如下:

(1)监理人应在收到索赔报告后14天内完成审查并报送发包人。监理人对索赔报告存在异议的,有权要求承包人提交全部原始记录副本。

(2)发包人应在监理人收到索赔报告或有关索赔的进一步证明材料后的28天内,由监理人向承包人出具经发包人签认的索赔处理结果。发包人逾期答复的,则视为认可承包人的索赔要求。

(3)承包人接受索赔处理结果的,索赔款项在当期进度款中进行支付;承包人不接受索赔处理结果的,按照第22条[争议解决]的约定处理。

21.3 发包人的索赔

根据合同约定,发包人认为有权得到赔付金额和(或)延长缺陷责任期的,监理人应向承包人发出通知并附有详细的证明。

发包人应在知道或应当知道索赔事件发生后28天内通过监理人向承包人提出索赔意向通知书,发包人未在前述28天内发出索赔意向通知书的,丧失要求赔付金额和(或)延长缺陷责任期的权利。发包人应在发出索赔意向通知书后28天内,通过监理人向承包人正式递交索赔报告。

21.4 对发包人索赔的处理

对发包人索赔的处理如下:

(1)承包人收到发包人提交的索赔报告后,应及时审查索赔报告的内容、查验发包人证明材料。

(2)承包人应在收到索赔报告或有关索赔的进一步证明材料后28天内,将索赔处理结果答复发包人。如果承包人未在上述期限内作出答复的,则视为对发包人索赔要求的认可。

(3)承包人接受索赔处理结果的,发包人可从应支付给承包人的合同价款中扣除赔付的金额或延长缺陷责任期;发包人不接受索赔处理结果的,按照本合同第22条[争议解决]的约定处理。

21.5 提出索赔的期限

(1)承包人按第16.2款[竣工结算审核]约定接收竣工付款证书后,应被视为已无权再提出在工程接收证书颁发前所发生的任何索赔。

(2)承包人按第16.4款[最终结清]提交的最终结清申请单中,只限于提出工程接收证书颁发后发生的索赔。提出索赔的期限自接受最终结清证书时终止。

22 争议解决

22.1 和解

合同当事人可以就争议自行和解,自行和解达成协议的经双方签字并盖章后作为合同补充文件,双方均应遵照执行。

22.2 调解

合同当事人可以就争议请求建设行政主管部门、行业协会或其他第三方进行调解,调解达成协议的,经双方签字并盖章后作为合同补充文件,双方均应遵照执行。

22.3 争议评审

合同当事人在专用合同条款中约定采取争议评审方式解决争议以及评审规则,并按下列约定执行：

22.3.1 争议评审小组的确定

合同当事人可以共同选择一名或三名争议评审员，组成争议评审小组。除专用合同条款另有约定外，合同当事人应当自合同签订后28天内，或者争议发生后14天内，选定争议评审员。

选择一名争议评审员的，由合同当事人共同确定；选择三名争议评审员的，各自选定一名，第三名成员为首席争议评审员，由合同当事人共同确定或由合同当事人委托已选定的争议评审员共同确定，或由专用合同条款约定的评审机构指定第三名首席争议评审员。

除专用合同条款另有约定外，评审员报酬由发包人和承包人各承担一半。

22.3.2 争议评审小组的决定

合同当事人可在任何时间将与合同有关的任何争议共同提请争议评审小组进行评审。争议评审小组应秉持客观、公正原则，充分听取合同当事人的意见，依据相关法律、规范、标准、案例经验及商业惯例等，自收到争议评审申请报告后14天内作出书面决定，并说明理由。合同当事人可以在专用合同条款中对本项事项另行约定。

22.3.3 争议评审小组决定的效力

争议评审小组作出的书面决定经合同当事人签字确认后，对双方具有约束力，双方应遵照执行。

任何一方当事人不接受争议评审小组决定或不履行争议评审小组决定的，双方可选择采用其他争议解决方式。

22.4 仲裁或诉讼

因合同及合同有关事项产生的争议，合同当事人可以在专用合同条款中约定以下一种方式解决争议：

（1）向约定的仲裁委员会申请仲裁；
（2）向有管辖权的人民法院起诉。

22.5 争议解决条款效力

合同有关争议解决的条款独立存在，合同的变更、解除、无效或者被撤销均不影响其效力。

第三部分 专用合同条款

1 一般约定

1.1 术语和定义

1.1.1 合同

1.1.1.10 其他合同文件包括：_____。

1.1.2 合同当事人及其他相关方

1.1.2.5 设计人

名称：_____；

资质类别和等级：_____；

联系电话：_____；

电子邮箱：_____。

1.1.2.11 勘查人

名称：_____；

资质类别和等级：_____；

联系电话：_____；

电子邮箱：_____。

由于勘查人、设计人受雇于发包人，因其造成的任何性质的失误、差错或过失，对于本合同而言，均应视为发包人的失误、差错或过失。

1.1.3 工程和设备

1.1.3.7 作为施工现场组成部分的其他场所包括：_____。

1.1.3.9 永久占地包括：详见发包人提供的施工图。

1.1.3.10 临时占地包括：根据监理工程师审定的施工组织设计中载明的临时占地所需数量。

1.3 法律

适用于合同的其他规范性文件：_____。

1.4 标准和规范

1.4.1 适用于地质灾害防治工程的标准规范包括：_____。

1.4.3 发包人对地质灾害防治工程的技术标准和功能要求的特殊要求：_____。

1.5 合同文件的优先顺序

合同文件组成及优先顺序为：按通用条款约定。

1.6 图纸和承包人文件

1.6.1 图纸的提供

发包人向承包人提供图纸的期限：合同签订后3日内提供。

发包人向承包人提供图纸的数量：_____套。

发包人向承包人提供图纸的内容：_____。

1.6.4 承包人文件

需要由承包人提供的文件，包括：_____。

承包人提供的文件的期限为：_____；

承包人提供的文件的数量为：_____；

承包人提供的文件的形式为：_____；

发包人审批承包人文件的期限：_____。

1.6.5 现场图纸准备

关于现场图纸准备的约定：_____。

1.7 联络

1.7.1 发包人和承包人应当在_____天内将与合同有关的通知、批准、证明、证书、指示、指令、要求、请求、同意、意见、确定和决定等书面函件送达对方当事人。

1.7.2 发包人接收文件的地点：_____；发包人指定的接收人为：_____。

承包人接收文件的地点：_____；承包人指定的接收人为：_____。

监理人接收文件的地点：_____；监理人指定的接收人为：_____。

1.10 交通运输

1.10.1 出入现场的权利

关于出入现场的权利的约定：_____。

1.10.3 场内交通

关于场外交通和场内交通的边界的约定：_____。

关于发包人向承包人免费提供满足工程施工需要的场内道路和交通设施的约定：_____。

1.11 知识产权

1.11.1 关于发包人提供给承包人的图纸、发包人为实施工程自行编制或委托编制的技术规范以及反映发包人关于合同要求或其他类似性质的文件的著作权的归属：_____。

关于发包人提供的上述文件的使用限制的要求：_____。

1.11.2 关于承包人为实施工程所编制文件的著作权的归属：_____。

关于承包人提供的上述文件的使用限制的要求：_____。

1.11.4 承包人在施工过程中所采用的专利、专有技术、技术秘密的使用费的承担方式：_____。

1.13 工程量清单错误的修正

出现工程量清单错误时，是否调整合同价格：_____。

允许调整合同价格的工程量偏差范围：_____。

2 发包人

2.2 发包人代表

姓名：_____；

身份证号：_____；

职务：_____；

联系电话：_____；

电子邮箱：_____；

通信地址：_____。

发包人对发包人代表的授权范围如下：_____。

2.4 施工现场、施工条件和基础资料的提供

2.4.1 提供施工现场

关于发包人移交施工现场的期限要求：_____。

2.4.2 提供施工条件

关于发包人应负责提供施工所需要的条件,包括:_____。

2.5 资金来源证明及支付担保

发包人提供资金来源证明的期限要求:_____。

发包人是否提供支付担保:_____。

发包人提供支付担保的形式:_____。

3 承包人

3.1 承包人的一般义务

(1)承包人提交的竣工资料的内容:_____;

(2)承包人需要提交的竣工资料套数:_____;

(3)承包人提交的竣工资料的费用承担:_____;

(4)承包人提交的竣工资料移交时间:_____;

(5)承包人提交的竣工资料形式要求:_____;

(6)承包人应履行的其他义务:_____。

3.2 项目经理

3.2.1 项目经理:

姓名:_____;

身份证号:_____;

建造师执业资格等级:_____;

建造师注册证书号:_____;

建造师执业印章号:_____;

安全生产考核合格证书号:_____;

联系电话:_____;

电子邮箱:_____;

通信地址:_____。

承包人对项目经理的授权范围如下:_____。

关于项目经理每月在施工现场的时间要求:_____。

项目经理未经批准,擅自离开施工现场的违约责任:_____。

承包人未提交劳动合同,以及没有为项目经理缴纳社会保险证明的违约责任:_____。

3.2.3 承包人擅自更换项目经理的违约责任:_____。

3.2.4 承包人无正当理由拒绝更换项目经理的违约责任:_____。

3.3 项目技术负责人

3.3.1 项目技术负责人:

姓名:_____;

地质相关专业技术职称(专业和级别):_____;

地质相关专业技术职称证书号:_____;

联系电话:_____;

电子邮箱:_____;

通信地址:_____。

承包人对项目技术负责人的授权范围如下：_____。
关于项目技术负责人每月在施工现场的时间要求：_____。
项目技术负责人未经批准，擅自离开施工现场的违约责任：_____。
承包人未提交劳动合同，以及没有为项目技术负责人缴纳社会保险证明的违约责任：_____。

3.3.2 承包人擅自更换项目技术负责人的违约责任：_____。

3.3.3 承包人无正当理由拒绝更换项目技术负责人的违约责任：_____。

3.4 承包人人员

3.4.1 承包人提交项目管理机构及施工现场管理人员安排报告的期限：_____。

3.4.3 承包人无正当理由拒绝撤换主要施工管理人员的违约责任：_____。

3.4.4 承包人主要施工管理人员离开施工现场的批准要求：_____。

3.4.5 承包人擅自更换主要施工管理人员的违约责任：_____。

3.4.5 承包人主要施工管理人员擅自离开施工现场的违约责任：_____。

3.7 工程照管与成品、半成品保护

承包人负责照管工程及工程相关的材料、工程设备的起始时间：_____。

3.8 履约担保

承包人是否提供履约担保：_____。
承包人提供履约担保的形式、金额及期限：_____。

农民工工资：

承包人必须严格按照《中华人民共和国劳动法》《农民工工资支付暂行规定》和《最低工资规定》等有关规定按月支付农民工工资，不得拖欠和克扣，不得发放给"包工头"和其他组织和个人，否则将视为承包人拖欠或克扣农民工工资，发包人有权在承包人的工程进度款中扣除相当于农民工工资部分的金额，代承包人支付给农民工本人。

4 监理人

4.1 监理人的一般规定

名称：_____；
资质类别和等级：_____；
联系电话：_____；
电子邮箱：_____；
通信地址：_____。
关于监理人的监理内容：_____。
关于监理人的监理权限：_____。
关于监理人在施工现场的办公场所、生活场所的提供和费用承担的约定：_____。

4.2 监理人员

总监理工程师：
姓名：_____；
职务：_____；
监理工程师执业资格证书号：_____；
联系电话：_____；
电子邮箱：_____；

通信地址：_____。
地质专业监理工程师：_____；
地质专业监理工程师职称（专业和级别）：_____；
地质专业监理工程师职称证书号：_____；
联系电话：_____；
电子邮箱：_____；
通信地址：_____。
关于监理人的其他约定：_____。

4.4 商定或确定

在发包人和承包人不能通过协商达成一致意见时，发包人授权监理人对以下事项进行确定：_____。

5 动态管理

5.2 动态管理中承包人的一般义务

5.2.1 承包人发现地质情况与原勘查设计情况有所变化或不一致时，反馈给相关单位的期限：____。
承包人未按要求编制地质编录的违约责任：_____。

5.2.2 承包人向监理人报送施工监测方案的期限：_____。
承包人向相关单位反馈监测结果的期限：_____。
承包人未按要求进行施工安全监测的违约责任：_____。
关于专业监测的其他约定：_____。

5.3 动态管理中监理人的一般义务

5.3.1 监理人发现地质情况与原勘查设计情况有所变化或不一致时，通知发包人的期限：_____。

5.3.2 监理人审批施工监测方案的期限：_____。
监理人发现施工监测结果超过警戒值时，通知发包人的期限：_____。

6 地质灾害抢险与应急项目治理工程

6.3 承包人编写抢险和应急方案的期限：_____。
地质灾害抢险和应急项目治理工程的计价、计费原则：
（1）_____。
（2）_____。
（3）_____。
边设计边施工的的工程，承包人提交记录和签证的期限：_____。监理人（如果有）或发包人签证的期限：_____。

6.4 暂定安全文明施工费的金额：_____。
首次拨付安全文明施工费的期限：_____。

7 工程质量

7.1 质量要求

7.1.1 特殊质量标准和要求：_____。
关于工程奖项的约定：_____。

7.3 隐蔽工程检查

7.3.2 承包人提前通知监理人隐蔽工程检查的期限的约定：_____。

监理人不能按时进行检查时，应提前_____小时提交书面延期要求。

关于延期最长不得超过_____小时。

8 安全文明施工与环境保护

8.1 安全文明施工

8.1.1 项目安全生产的达标目标及相应事项的约定：_____。

8.1.4 关于治安保卫的特别约定：_____。

关于编制施工场地治安管理计划的约定：_____。

8.1.5 文明施工

合同当事人对文明施工的要求：_____。

8.1.6 关于安全文明施工费支付比例和支付期限的约定：_____。

9 工期和进度

9.1 施工组织设计

9.1.1 合同当事人约定的施工组织设计应包括的其他内容：_____。

9.1.2 施工组织设计的提交和修改

承包人提交详细施工组织设计的期限的约定：_____。

发包人和监理人在收到详细的施工组织设计后确认或提出修改意见的期限：_____。

9.2 施工进度计划

9.2.2 施工进度计划的修订

发包人和监理人在收到修订的施工进度计划后确认或提出修改意见的期限：_____。

9.3 开工

9.3.1 开工准备

关于承包人提交工程开工报审表的期限：_____。

关于发包人应完成的其他开工准备工作及期限：_____。

关于承包人应完成的其他开工准备工作及期限：_____。

9.3.2 开工通知

因发包人原因造成监理人未能在计划开工日期之日起_____天内发出开工通知的，承包人有权提出价格调整要求，或者解除合同。

9.4 测量放线

9.4.1 发包人通过监理人向承包人提供测量基准点、基准线和水准点及其书面资料的期限：_____。

9.5 工期延误

9.5.1 因发包人原因导致工期延误

（7）因发包人原因导致工期延误的其他情形：_____。

9.5.2 因承包人原因导致工期延误

因承包人原因造成工期延误，逾期竣工违约金的计算方法为：_____。

因承包人原因造成工期延误，逾期竣工违约金的上限：_____。

9.6 不利物质条件

不利物质条件的其他情形和有关约定：＿＿＿＿＿＿＿＿＿＿＿＿＿＿＿＿＿＿＿＿＿＿＿＿＿。

9.7 异常恶劣的气候条件

发包人和承包人同意以下情形视为异常恶劣的气候条件：

（1）＿＿＿＿＿＿＿＿＿＿＿＿＿＿＿＿＿＿＿＿＿；

（2）＿＿＿＿＿＿＿＿＿＿＿＿＿＿＿＿＿＿＿＿＿；

（3）＿＿＿＿＿＿＿＿＿＿＿＿＿＿＿＿＿＿＿＿＿。

9.8 暂停施工

9.8.1 发包人原因引起的暂停施工

因发包人原因引起的暂停施工，造成工期延误的，＿＿＿＿＿个日历天以内，发包人只同意承包人延长工期，不承担相应的费用；＿＿＿＿＿个日历天以上，发包人只同意承包人延长工期，并承担＿＿＿＿＿个日历天以上的工期延误费用。

9.9 提前竣工的奖励

9.9.2 提前竣工的奖励：＿＿＿＿＿＿＿＿＿＿＿＿＿＿＿＿。

10 材料与设备

10.4 材料与工程设备的保管与使用

10.4.1 发包人供应的材料设备的保管费用的承担：＿＿＿＿＿＿＿＿＿＿＿＿＿＿＿＿。

10.6 样品

10.6.1 样品的报送与封存

需要承包人报送样品的材料或工程设备，样品的种类、名称、规格、数量要求：＿＿＿＿＿＿＿＿＿＿。

10.8 施工设备和临时设施

10.8.1 承包人提供的施工设备和临时设施

关于修建临时设施费用承担的约定：＿＿＿＿＿＿＿＿＿＿＿＿＿＿＿＿＿。

11 试验与检验

11.1 试验设备与试验人员

11.1.2 试验设备

施工现场需要配置的试验场所：＿＿＿＿＿＿＿＿＿＿＿＿＿＿＿＿＿；

施工现场需要配备的试验设备：＿＿＿＿＿＿＿＿＿＿＿＿＿＿＿＿＿；

施工现场需要具备的其他试验条件：＿＿＿＿＿＿＿＿＿＿＿＿＿＿＿。

11.4 现场工艺试验

现场工艺试验的有关约定：＿＿＿＿＿＿＿＿＿＿＿＿＿＿＿＿＿。

12 变更

12.1 变更的范围

关于变更的范围的约定：＿＿＿＿＿＿＿＿＿＿＿＿＿＿＿＿＿。

12.4 变更估价

12.4.1 变更估价原则

关于变更估价的约定：＿＿＿＿＿＿＿＿＿＿＿＿＿＿＿＿＿。

12.5 承包人的合理化建议

　　监理人审查承包人合理化建议的期限：_____。

　　发包人审批承包人合理化建议的期限：_____。

　　承包人提出的合理化建议降低了合同价格或者提高了工程经济效益的奖励的方法和金额为：_____。

12.7 暂估价

　　暂估价材料和工程设备的明细由双方协议约定。

12.7.1 依法必须招标的暂估价项目

　　对于依法必须招标的暂估价项目的确认和批准采取第_____种方式确定。

12.7.2 不属于依法必须招标的暂估价项目

　　对于不属于依法必须招标的暂估价项目的确认和批准采取第_____种方式确定。

　　第3种方式：承包人直接实施的暂估价项目

　　承包人直接实施的暂估价项目的约定：_____。

12.8 暂列金额

　　合同当事人关于暂列金额使用的约定：_____。

13 价格调整

13.1 市场价格波动引起的调整

　　市场价格波动是否调整合同价格的约定：_____。

　　因市场价格波动调整合同价格，采用以下第_____种方式对合同价格进行调整：

　　第1种方式：采用价格指数进行价格调整。

　　关于各可调因子、定值和变值权重，以及基本价格指数及其来源的约定：_____。

　　第2种方式：采用造价信息进行价格调整。

　　（2）关于基准价格的约定：_____。

　　专用合同条款：

　　①承包人在已标价工程量清单或预算书中载明的材料单价低于基准价格的：专用合同条款合同履行期间材料单价涨幅以基准价格为基础超过_____%时，或材料单价跌幅以已标价工程量清单或预算书中载明材料单价为基础超过_____%时，其超过部分据实调整。

　　②承包人在已标价工程量清单或预算书中载明的材料单价高于基准价格的：专用合同条款合同履行期间材料单价跌幅以基准价格为基础超过_____%时，或材料单价涨幅以已标价工程量清单或预算书中载明材料单价为基础超过_____%时，其超过部分据实调整。

　　③承包人在已标价工程量清单或预算书中载明的材料单价等于基准单价的：专用合同条款合同履行期间材料单价涨跌幅以基准单价为基础超过_____%时，其超过部分据实调整。

　　第3种方式：其他价格调整方式：_____。

14 合同价格、计量与支付

14.1 合同价格形式

　　1. 单价合同

　　综合单价包含的风险范围：_____。

　　风险费用的计算方法：_____。

风险范围以外合同价格的调整方法：_____。
2. 总价合同
总价包含的风险范围：_____。
风险费用的计算方法：_____。
风险范围以外合同价格的调整方法：_____。
3. 其他价格方式：_____。

14.2 预付款

14.2.1 预付款的支付
预付款支付比例或金额：_____。
预付款支付期限：_____。
预付款扣回的方式：_____。

14.2.2 预付款担保
承包人提交预付款担保的期限：_____。
预付款担保的形式为：_____。

14.3 计量

14.3.1 计量原则
工程量计算规则：_____。

14.3.2 计量周期
关于计量周期的约定：_____。

14.3.3 单价合同的计量
关于单价合同计量的约定：_____。

14.3.4 总价合同的计量
关于总价合同计量的约定：_____。

14.3.5 总价合同采用支付分解表计量支付的，是否适用第12.3.4项［总价合同的计量］约定进行计量：_____。

14.3.6 其他价格形式合同的计量
其他价格形式的计量方式和程序：_____。

14.4 工程进度款支付

14.4.1 付款周期
关于付款周期的约定：_____。

14.4.2 进度付款申请单的编制
关于进度付款申请单编制的约定：_____。

14.4.3 进度付款申请单的提交
（1）单价合同进度付款申请单提交的约定：_____；
（2）总价合同进度付款申请单提交的约定：_____；
（3）其他价格形式合同进度付款申请单提交的约定：_____。

14.4.4 进度款审核和支付
（1）监理人审查并报送发包人的期限：_____。
发包人完成审批并签发进度款支付证书的期限：_____。
（2）发包人支付进度款的期限：_____。

发包人逾期支付进度款的违约金的计算方式：_____。

承包人应当在发包人付款前5个工作日内向发包人提交合法足额的发票，承包人未提交发票或者提交的发票不符合发包人要求的，发包人有权顺延付款时间，不构成发包人违约。

14.4.6 支付分解表的编制

2. 总价合同支付分解表的编制与审批：_____。

3. 单价合同的总价项目支付分解表的编制与审批：_____。

15 验收和工程试运行

15.1 分部分项工程验收

15.1.1 监理人不能按时进行验收时，应提前_____小时提交书面延期要求。关于延期最长不得超过_____小时。

15.1.2 单位工程验收：发包人应组织勘查人、设计人、监理人、承包人及当地质量监督部门等单位对具备验收的单位工程进行验收。

15.1.3 地质灾害治理工程有试运行要求的可按相关要求执行。

15.2 竣工验收

15.2.2 竣工验收程序

关于竣工验收程序的约定：按照国土资源部有关地质灾害防治工程施工项目验收办法规定执行。

首先由承包人提出申请，发包人按照法定程序，组织有关部门进行工程竣工验收。

其次工程通过竣工验收或经整改后重新验收，则工程师应在上述验收通过之日后28天内出具由发包人、工程师、设计人、勘查人和承包人五方共同签署的竣工验收报告书。

发包人不按照本条款约定组织竣工验收的违约金的计算方法：_____。

15.2.5 移交、接收全部与部分工程

承包人向发包人移交工程的期限：_____。

发包人未按本合同约定接收全部或部分工程的，违约金的计算方法为：_____。

承包人未按时移交工程，违约金的计算方法为：_____。

15.5 竣工退场

承包人完成竣工退场的期限：_____。

16 竣工结算

16.1 竣工付款申请

承包人提交竣工付款申请单的期限：_____。

竣工付款申请单应包括的内容：_____。

16.2 竣工结算审核

发包人审批竣工付款申请单的期限：_____。

发包人完成竣工付款的期限：_____。

关于竣工付款证书异议部分审核的方式和程度：_____。

16.4 最终结清

16.4.1 最终结清申请单

承包人提交最终结清申请单的份数：_____。

承包人提交最终结算申请单的期限：_____。

16.4.2 最终结清证书和支付

（1）发包人完成最终结清申请单的审批并颁发最终结清证书的期限：_____。

（2）发包人完成支付的期限：_____。

17 缺陷责任期与保修

17.2 缺陷责任期

缺陷责任期的具体期限：_____。

17.3 质量保证金

关于是否扣留质量保证金的约定：_____。

17.3.1 承包人提供质量保证金的方式

质量保证金采用以下第_____种方式：

（1）质量保证金保函，保证金额为：_____。

（2）_____％的工程款；

（3）其他方式：_____。

17.3.2 质量保证金的扣留

质量保证金扣留采取以下第_____种方式：

（1）在支付工程进度款时逐次扣留，在此情形下，质量保证金的计算基数不包括预付款的支付、扣回以及价格调整的金额；

（2）工程竣工结算时一次性扣留质量保证金；

（3）其他扣留方式：_____。

关于质量保证金的补充约定：_____。

17.4 保修

17.4.1 保修责任

工程保修期为：_____。

17.4.2 修复通知

承包人收到保修通知并到达工程现场的合理时间：_____。

18 违约

18.1 发包人违约

18.1.1 发包人违约的情形

发包人违约的情形：_____。

18.1.2 发包人违约的责任

发包人违约责任的承担方式和技术方法：

（1）因发包人原因未能在计划开工日期前7天内下达开工通知的违约责任：_____；

（2）因发包人原因未能按合同约定支付合同价款的违约责任：_____；

（3）发包人违反第12.1款［变更的范围］第（2）目的约定，自行实施被取消的工作或转由他人实施的违约责任：_____；

（4）发包人提供的材料、工程设备的规格、数量或质量不符合合同约定，或因发包人原因导致交货日期延误或交货地点变更等情况的违约责任：_____；

(5)因发包人违反合同约定造成暂停施工的违约责任:_____;

(6)发包人无正当理由没有在约定期限内发出复工指示,导致承包人无法复工的违约责任:_____;

(7)其他:_____。

18.1.3 因发包人违约解除合同

承包人按 18.1.1 项[发包人违约的情形]约定暂停施工满_____天后发包人仍不纠正其违约行为并致使合同目的不能实现的,承包人有权解除合同。

18.2 承包人违约

18.2.1 承包人违约的情形

承包人违约的其他情形:_____。

18.2.2 承包人违约责任

承包人违约责任的承担方式和计算方法:_____。

18.2.3 因承包人违约解除合同

关于承包人违约解除合同的特别约定:_____。

发包人继续使用承包人在施工现场的材料、设备、临时工程、承包人文件和由承包人或以其名义编制的其他文件的费用承担方式:_____。

19 不可抗力

19.1 不可抗力的确认

除通用合同条款约定的不可抗力事件之外,视为不可抗力的其他情形:_____。

19.4 因不可抗力解除合同

合同解除后,发包人应在商定或确定发包人应支付款项后_____天内完成款项的支付。

20 保险

20.1 工程保险

关于工程保险的特别约定:_____。

20.3 其他保险

关于其他保险的约定:_____。

承包人是否应为其施工设备等办理财产保险:_____。

20.7 通知义务

关于变更保险同时的通知义务的约定:_____。

22 争议解决

22.3 争议评审

合同当事人是否同意将工程争议提交争议评审小组决定:_____。

22.3.1 争议评审小组的确定

争议评审小组成员的确定:_____。

选定争议评审员的期限:_____。

争议评审小组成员的报酬承担方式:_____。

其他事项的约定:_____。

22.3.2 争议评审小组的决定

合同当事人关于本条款的约定:_____。

22.4 仲裁或诉讼

因合同及合同有关事项发生的争议,按下列第_____种方式解决。

(1)向_____仲裁委员会申请仲裁;

(2)向_____人民法院起诉。

附 件

1. 协议书附件

附件1 地质灾害防治工程清单一览表

2. 专用合同条款附件

附件2 发包人供应材料设备一览表

附件3 地质灾害防治工程质量保修书

附件4 承包人用于本地质灾害防治工程施工的机械设备表

附件5 承包人主要施工管理人员表

附件1

地质灾害防治工程清单一览表

序号	项目编码	项目工程名称	单位	数量	单价/元	合计/元	备注

附件2

发包人供应材料设备一览表

序号	材料、设备品种	规格型号	单位	数量	单价/元	供应时间	送达地点	备注

附件3

地质灾害防治工程质量保修书

发包人（全称）：_____

承包人（全称）：_____

发包人、承包人根据《中华人民共和国合同法》《中华人民共和国政府采购法》《地质灾害防治条例》，经协商一致，对_____（工程全称）_____签定工程质量保修书。

一、工程质量保修范围和内容

承包人在质量保修期内，按照有关法律、法规、规章的管理规定和双方约定，承担本工程质量保修责任。

质量保修范围包括合同项下承包人完成的所有工程以及双方约定的其他项目。但因管理不当或者第三方造成的质量缺陷以及因不可抗力造成的质量缺陷不属于保修范围。具体保修的内容，双方约定如下：

_____

_____

_____。

二、工程缺陷责任期及质量保修期限（下列保修最低年限一律用大写填写，如有改动加盖施工单位公章）

双方根据《地质灾害防治条例》《建设工程质量管理条例》及有关规定，约定本工程的质量保修期限如下：

(1)结构工程为设计文件规定的该工程合理使用年限。

(2)其他项目保修期限约定如下：

_____

_____

_____。

(3)工程缺陷责任期：_____个水文年；

以上工程缺陷责任期及保修期限自工程竣工验收合格之日起计算。

三、质量保修责任

(1)属于保修范围、内容的项目，承包人应当在接到保修通知之日起7天内派人保修。承包人不在约定期限内派人保修的，发包人或管护责任人可以委托其他单位修理，费用由承包人承担。

(2)发生紧急抢修事故的，承包人在接到事故通知后，应当立即到达事故现场进行抢修。

(3)质量保修完成后，由发包人组织验收。

四、保修费用

保修费用由造成质量缺陷的责任方承担。

五、其他

双方约定的其他工程质量保修事项：

_____

_____

_____。

本工程质量保修书，由施工合同发包人、承包人双方在竣工验收前共同签署，作为施工合同附件,其有效期限至保修期满。

发包人(公章):	承包人(公章):
法定代表人(签字):	法定代表人(签字):
年　月　日	年　月　日

附件4

承包人用于本地质灾害防治工程施工的机械设备表

序号	机械或设备名称	规格型号	数量	产地	制造年份	额定功率/kW	生产能力

附件5

承包人主要施工管理人员表

名称	姓名	职务	职称	主要资历、经验及承担过的项目
一、总部人员				
项目主管				
地质技术负责人				
其他人员				
二、现场人员				
项目经理				
项目副经理				
技术负责人				
地质专业工程师				
造价管理人员				
质量管理人员				
材料管理人员				
计划管理人员				
安全管理人员				
资料管理人员				
其他人员人员				

附 录 D
（资料性附录）
地质灾害防治工程监理合同范本

第一部分　施工监理合同协议书

甲方：_____
乙方：_____
合同编号：_____
合同名称：_____

依据国家有关法律、法规，(甲方名称)(以下简称发包人)委托(乙方名称)(以下简称监理人)提供(工程名称)工程施工阶段监理服务，经双方协商一致，订立本合同。

1　工程概况

1.1　工程名称

_____

1.2　工程地点

_____

2　本合同中的有关词语含义与本合同第一部分《通用合同条款》中赋予它们的定义相同。
3　本合同协议书与下列文件一起构成本合同。
3.1　在实施过程中共同签署的补充与修正文件。
3.2　本合同专用条款。
3.3　本合同通用条款。
3.4　本合同附件。
3.5　双方确认需进入合同的其他文件。
　　在合同订立及履行过程中形成的与合同有关的文件均构成合同文件组成部分。
　　上述各项合同文件包括合同当事人就该项合同文件所作出的补充和修改属于同一类内容的文件，应以最新签署的为准。专用合同条款及其附件须经合同当事人签字或盖章。
4　监理人向发包人承诺，按照本合同的规定，承担本合同专用条款中议定范围内的监理业务。
　　总监理工程师姓名：_____；
　　身份证号码：_____；
　　注册号：_____。
5　本工程按以下第_____款方法确定的监理正常服务酬金为（大写）：_____元（详见专用条款和合同附件）。发包人承诺按专用合同条款约定的方式、时间向监理人支付。
5.1　批复概算。
5.2　商定。
5.3　中标。
5.4　合同执行过程，因工程产生变更涉及监理服务费用增加或减少的，以有关签证为基础进行确认,纳入监理服务费的增加或减少范围。

5.5 其他。

6 本协议书经双方法定代表人或其授权代表人签名并加盖本单位公章后生效并自××年××月开始实施,至按发包人要求的方式通过正式竣工验收、保修期满为止。

7 争议的解决:当甲、乙双方在合同执行过程中产生争议时,双方协商通过以下两种方式中的第_____款解决:

7.1 采用仲裁方式进行解决,向工程所在地_____仲裁委员会提起仲裁。

7.2 向工程所在地地方人民法院提起诉讼。

8 本协议书正本一式_____份,由双方各执_____份;副本_____份,发包人执_____份,监理人执_____份,正本与副本具有同等法律效力。

9 本合同订立

9.1 订立时间:_____年_____月_____日。

9.2 订立地点:_____。

发包人(签章):	监理人(签章):
住　　所:	住　　所:
法定代表人:(签章)	法定代表人:(签章)
开户银行:	开户银行:
账　　号:	账　　号:
邮　　编:	邮　　编:
电　　话:	电　　话:
电子邮箱:	电子邮箱:

本合同签订于:_____年_____月_____日。

第二部分　通用合同条款

1　词语含义及适用语言

1.1　下列名词和用语，除上下文另有约定外，具有本条所赋予的含义：

1.1.1　"发包人"：指承担地质灾害防治工程直接建设管理责任，委托监理业务的法人或其合法继承人。

1.1.2　"监理人"：指受发包人委托，提供监理服务的法人或其合法继承人。

1.1.3　"承包人"：指与发包人签订了施工合同，承担地质灾害防治工程施工的法人或其合法继承人。

1.1.4　"工程"：指发包人委托监理人实施监理的工程，可包括一个或多个具单独设计和概算的相对独立项目。

1.1.5　"监理机构"：指监理人派驻工程现场直接开展监理业务的组织，由总监理工程师、监理工程师和监理员以及其他人员组成。

1.1.6　"服务"：指监理人根据监理合同约定所承担的各项工作，包括正常服务、附加服务和额外服务。

1.1.7　"正常服务"：指监理人按照合同约定的监理范围、内容和期限所提供的服务。

1.1.8　"附加服务"：指监理人为发包人提供正常服务以外的服务，指：①发包人委托监理范围以外，通过双方书面协议另外增加的工作内容；②由于非监理人原因，使监理工作受到阻碍或延误，因增加工作量或持续时间而增加的工作。

1.1.9　"额外服务"：是指正常工作和附加工作以外，根据第四十一条规定监理人必须完成的工作，或非监理人自己的原因而暂停或结束监理业务的善后工作及恢复监理业务的工作。

1.1.10　"服务酬金"：指本合同中监理人完成监理服务应得到的正常服务、附加服务和额外服务酬金。

1.1.11　"天"：指日历天。

1.1.12　"月"：是指根据公历从一个月份中任何一天开始到下一个月相应日期的前一天的时间段。

1.1.13　"现场"：指监理项目实施的场所。

1.2　本合同适用的语言文字为汉语文字。

2　监理依据

监理的依据是有关工程建设的法律、法规、规章和规范性文件；工程建设强制性条文、有关技术标准；专用条款中议定的部门规章或工程所在地的地方法规、地方规章；经批准的工程设计文件及其相关文件；监理合同、施工合同等合同文件。具体内容在专用合同条款中约定。

3　通知和联系

3.1　发包人应指定一名联系人，负责与监理机构联系。更换联系人时，应提前通知监理人。

3.2　在监理合同实施过程中，双方的联系均应以书面函件为准。在不做出紧急处理有可能导致安全、质量事故的情况下，可先以口头形式通知，并在_____小时内补做书面通知。

3.3　发包人对委托监理范围内工程项目实施的意见和决策，应通过监理机构下达，法律、法规另有规定的除外。

4 发包人的权利

4.1 发包人享有如下权利：

4.1.1 有选定工程总承包人，以及与其订立合同的权利。

4.1.2 对工程规模、设计标准和设计使用功能要求的认定权以及对工程设计变更的审核批准权。

4.1.3 对工程施工中质量、安全、投资、进度方面的重大问题的决策权。

4.1.4 对监理工作进行监督、检查，并提出撤换监理工作人员的建议或要求；监理人调换总监理工程师须事先经发包人同意。

4.1.5 核定监理人签发的工程计量、付款凭证。

4.1.6 要求监理人提交监理月报、监理专题报告、监理工作报告和监理工作总结报告。

4.1.7 当发包人发现监理人员不按监理合同履行监理职责，或与承包人串通给发包人或工程造成损失的，发包人有权要求监理人更换监理人员，直到解除合同并要求监理人承担相应的赔偿责任或连带赔偿责任。

5 监理人的权利

5.1 发包人赋予监理人如下权利：

5.1.1 选择工程总承包人的建议权。

5.1.2 对工程有关事项包括工程规模、设计标准和使用功能要求，向发包人提出的建议权。

5.1.3 对工程设计中的技术问题，按照安全和优化的原则，向设计人提出建议；如果拟提出的建议可能会提高工程造价，或延长工期，应当事先征得发包人的同意。当发现工程设计不符合国家颁布的有关质量标准或设计合同约定的质量标准时，监理人应当书面报告发包人并要求设计人更正。

5.1.4 审批工程施工组织设计和技术方案，按照保质量、保工期和降低成本的原则，向承包人提出建议，并向发包人提出书面报告。

5.1.5 主持工程建设有关协作单位的组织协调，重要协调事项应当事先向发包人报告。

5.1.6 监理人有权发布开工令、停工令、复工令，但应当事先向发包人报告。如在紧急情况下未能事先报告，应在 24 小时内向发包人做出书面报告。

5.1.7 工程上使用的材料和施工质量的检验权。

5.1.8 工程施工进度的检查、监督权，以及工程实际竣工日期提前或超过工程施工合同规定的竣工期限的签认权。

5.1.9 在工程施工合同约定的工程价格范围内，工程款支付的审核和签认权，以及工程结算的复核确认权与否决权。未经总监理工程师签字确认，发包人不支付工程款。

5.2 监理人在发包人授权下，可对任何承包人合同规定的义务提出变更。如果由此影响了工程费用或质量、或进度，这种变更须经发包人事先批准。在紧急情况下未能事先报发包人批准时，监理人所做的变更也应在 4 小时内通知发包人。在监理过程中如发现工程承包人人员工作不力，监理人可要求承包人调换有关人员。

5.3 在委托的工程范围内，发包人或承包人对对方的任何意见和要求（包括索赔要求），均必须首先向监理机构提出，由监理机构研究处置意见，再同双方协商确定。当发包人和承包人发生争议时，监理机构应根据自己的职能，以独立的身份判断，公正进行调解。当双方的争议由政府建设行政主管部门调解或仲裁机关仲裁时，应当提供作证的事实材料。

6 发包人的义务

6.1 按本合同约定及时、足额支付监理服务酬金。

6.2 负责工程建设所有外部关系的协调,为监理工作提供外部条件。根据需要,如将部分或全部协调工作委托监理人承担,则应在专用条件中明确委托的工作和相应的报酬。

6.3 按专用合同条款约定的时间、数量、方式,免费向监理机构提供开展监理服务的有关本工程的资料,并在不影响监理人开展监理工作的时间内提供如下资料:

6.3.1 与本工程合作的原材料、构配件、机械设备等生产厂家名录。

6.3.2 提供与本工程有关的协作单位、配合单位的名录。

6.3.3 与本工程有关的其他资料。

6.4 在专用合同条款约定的时间内,就监理机构书面提交并要求做出决定的问题做出书面决定,并及时送达监理机构。超过约定时间,监理机构未收到发包人的书面决定,且发包人未说明理由,监理机构可认为发包人对其提出的事宜已无不同意见,无须再做确认。

6.5 与承包人签订的施工合同中明确其赋予监理人的权限,并在工程开工前将监理机构、总监理工程师通知承包人。

发包人应授权一名熟悉工程情况的代表,负责与监理人联系。发包人应在双方签订本合同后7天内,将发包人代表的姓名和职责书面告知监理人。当发包人更换发包人代表时,应提前7天通知监理人。

6.6 提供监理人员在现场的工作和生活条件,具体内容在专用合同条款中明确。如果不能提供上述条件的,应按实际发生费用给予监理人补偿。

6.7 为监理机构指定具有检验、试验资质的机构并承担检验、试验相关费用。

6.8 维护监理机构工作的独立性,不干涉监理机构正常开展监理业务,不擅自作出有悖于监理机构在合同授权范围内所做出的指示的决定;未经监理机构签字确认,不得支付工程款。

6.9 根据情况需要,如果双方约定,由发包人向监理人提供其他人员,应在监理合同专用条款中予以明确。

6.10 将投保工程险的保险合同提供给监理人作为工程合同管理的一部分。

6.11 未经监理人同意,不得将监理人用于本工程监理服务的任何文件直接或间接用于其他工程项目之中。

7 监理人的义务

7.1 本着"守法、诚信、公正、科学"的原则,按专用合同条款约定的监理服务内容为发包人提供与其水平相适应的优质服务,公正维护各方面的合法权益。

监理人应在专用条件约定的授权范围内,处理发包人与承包人所签订合同的变更事宜。如果变更超过授权范围,应以书面形式报发包人批准。

在紧急情况下,为了保护财产和人身安全,监理人所发出的指令未能事先报发包人批准时,应在发出指令后的24小时内以书面形式报发包人。

7.2 在专用合同条款约定的时间内组建监理机构,并进驻现场,项目监理机构的主要人员应具有相应的资格条件。及时将监理规划、监理机构及其主要人员名单提交发包人,将监理机构及其人员名单、监理工程师和监理员的授权范围通知承包人;实施期间有变化的,应当及时通知发包人和承包人;更换总监理工程师和其他主要监理人员应征得发包人同意。

本合同履行过程中,总监理工程师及重要岗位监理人员应保持相对稳定,以保证监理工作正常进行。

监理人可根据工程进展和工作需要调整项目监理机构人员。监理人更换总监理工程师时,应提前7天向发包人书面报告,经发包人同意后方可更换;监理人更换项目监理机构其他监理人员,应以相当资格与能力的人员替换,并通知发包人。

7.3 按照发包人签订的工程保险合同,做好施工现场工程保险合同的管理。协助发包人向保险公司及时提供一切必要的材料和证据。

7.4 协调施工合同各方之间的关系。在监理与相关服务范围内,发包人和承包人提出的意见和要求,监理人应及时提出处置意见。当发包人与承包人之间发生合同争议时,监理人应协助发包人、承包人协商解决。

监理人员的工资福利、社保待遇以及人身和财产安全由监理人负责。监理人在进行监理时,应采取相应的安全、保卫和环境保护措施,如监理人未能采取有效的措施,而发生的与监理活动有关的人身伤亡、罚款、索赔、损失赔偿、诉讼费用及其他一切责任应由监理人负责。

7.5 及时做好工程施工过程中各种监理信息的收集、整理和归档,并保证现场记录、试验、检验、检查等资料的完整和真实,并对所有工程相关信息、文件、材料等进行保密,直至等该信息被公开之日为止。

监理人不得将监理任务进行转包。发现有转包情形的,发包人有权解除监理合同。

7.6 编制《监理日志》,并向发包人提交监理月报、监理专题报告、监理工作报告和监理工作总结报告。

7.7 按有关规定参加工程验收,做好相关配合工作。工程竣工后,应当按照档案管理规定将监理有关文件归档。

7.8 监理人使用发包人提供的设施和物品属发包人的财产。在监理工作完成或中止时,应将其设施和剩余物品按合同约定的时间和方式移交给发包人。

7.9 妥善做好发包人所提供的工程建设文件资料的保存、回收及保密工作。在本合同期限内或专用合同条款约定的合同解除后的一定期限内,未征得发包人同意,不得公开涉及发包人的专利、专有技术或其他需保密的资料,不得泄露与本合同业务有关的技术、商务等秘密。

8 监理服务酬金

8.1 正常的监理工作、附加工作和额外工作的报酬,按照监理合同专用条款的方法计算,并按约定的时间和数额支付。

8.2 除不可抗力外,有下列情形之一且由此引起监理工作量增加或服务期限延长,均应视为监理机构的附加服务或额外服务,监理人应得到相应的监理服务酬金:

8.2.1 由于发包人、第三方责任,设计变更及不良地质条件等非监理人原因致使正常的监理服务受到阻碍、延误或监理工作量的增加。

8.2.2 在本合同履行过程中,发包人要求监理机构完成监理合同约定范围和内容以外的服务。

8.2.3 由于非监理人原因暂停或解除监理业务时,其善后工作或恢复执行监理业务的工作。

监理人完成附加服务、额外服务应得到的酬金,按专用合同条款约定的方法或监理补充协议计取和支付。

8.3 国家有关法律、法规、规章和监理酬金标准发生变化时,应按有关规定调整监理服务酬金;由于重大设计变更或其他原因调整工程概算时,按专用合同条款约定的方法计取和支付监理服务酬金。

8.4 发包人对监理人申请支付的监理酬金项目及金额有异议时,应当在收到监理人支付申请书后_____小时内向监理人发出异议通知,但发包人不得拖延其他无异议报酬项目的支付。

8.5 如果发包人在规定的支付期限内未支付监理酬金,自规定之日起,还应向监理人支付滞纳金。滞纳金从规定支付期限最后一日起计算。

9 合同变更

9.1 由于发包人或承包人的原因使监理工作受到阻碍或延误,以致发生了附加工作或延长了持续时间,则监理人应当将此情况与可能产生的影响及时通知发包人,完成监理业务的时间相应延长,并得到附加工作的报酬。

9.2 在委托监理合同签订后,实际情况发生变化,如工程计划调整、较大的工程设计变更、不良地质条件等非监理人原因致使本合同约定的服务范围、内容和服务形式发生较大变化,使得监理人不能全部或部分执行监理业务时,监理人应当立即通知发包人,并协商、处理有关事宜。当恢复执行监理业务时,应当增加不超过_____日的时间用于恢复执行监理业务,并按双方约定的数量延长监理业务的完成时间和支付监理报酬。

9.3 当发生法律或本合同约定的解除合同的情形时,有权解除合同的一方要求解除合同的,应书面通知对方;若通知送达后_____天内未收到对方的答复,可发出解除监理合同的通知,本合同即行解除。因解除合同遭受损失的,除依法可以免除责任的外,应由责任方赔偿损失。

9.4 在监理服务期内,由于国家政策致使工程建设计划重大调整,或不可抗力致使合同不能履行时,双方协商解决因合同解除所产生的遗留问题。

9.5 保修期间的责任,双方在专用合同条款中约定。

9.6 合同协议的解除并不影响各方应有的权利和应当承担的责任。

10 发包人责任

10.1 发包人应当履行委托监理合同约定的义务,如有违反则应当承担违约责任,赔偿给监理人造成的经济损失。

10.2 监理人处理委托业务时,因非监理人原因的事由受到损失的,可以向发包人要求补偿损失。

10.3 发包人如果向监理人提出赔偿的要求不能成立,则应当补偿由该索赔所引起的监理人的各种费用支出。

11 监理人责任

11.1 监理人的责任期即委托监理合同有效期。在监理过程中,如果因工程进度的推迟或延误而超过书面约定的日期,双方应进一步约定相应延长的合同期。

11.2 监理人在责任期内,应当履行约定的义务。如果因监理人过失而造成了发包人的经济损失,应当向发包人赔偿。累计赔偿总额(除本合同第4.1.7项规定以外)不应超过监理报酬总额(除去税金)。

11.3 监理人对承包人违反合同规定的质量要求和完工时限,监理人又尽到监理责任的,不承担责任。因不可抗力导致委托监理合同不能全部或部分履行,监理人不承担责任。

11.4 监理人向发包人提出赔偿要求不能成立时,监理人应当补偿由于该索赔所导致发包人的各种费用支出。

12 争议的解决

12.1 本合同发生争议,由当事人双方协商解决;也可由工程项目主管部门或合同争议调解机构调解;协商或调解未果时,经当事人双方同意可由仲裁机构仲裁;或向人民法院起诉。争议调解机构、仲裁机构在专用合同条款中约定。

12.2 在争议协商、调解、仲裁或起诉过程中,双方仍应继续履行本合同约定的责任和义务。

13 其他

13.1 委托的地质灾害防治工程监理所必要的监理人员外出考察、材料设备复试,费用支出经发包人同意的,在预算范围内向发包人实报实销。

13.2 在监理业务范围内,如需聘用专家咨询或协助,由监理人聘用或发包人代监理人聘用的,费用由监理人承担;由发包人聘用的,费用由发包人承担。

13.3 监理人在监理工作过程中提出的合理化建议,使发包人得到了经济效益,发包人应按专用合同条款中的约定给予经济奖励。

13.4 监理人驻地监理机构及其职员不得接受监理工程项目施工承包人的任何报酬或者经济利益。

13.5 监理人不得参与合同涉及范围的可能与发包人利益相冲突的任何活动。

监理人在监理过程中,不得泄露发包人申明的秘密,亦不得泄露设计人、承包人等提供并申明的秘密。

13.6 监理人对于由其编制的所有文件拥有版权,发包人仅有权为本工程使用或复制此类文件。

第三部分 专用合同条款

(批复概算由双方协商确定)

本工程按＿＿＿(批复概算机构)＿＿＿批复的概算核定监理正常服务酬金,如有调整,以＿＿＿(批复概算机构)＿＿＿的批复为准。附表中如有酬金未定项目或有新增、取消项目,均待正式批复后按与本合同相同的办法执行。

2 本合同适用的法律及监理依据：

国家法律、行政法规以及国土资源部、＿＿＿＿市＿＿＿＿部门颁发的与本工程有关的正式文件、规章等;发包人与承包人签订的正式合同、协议,正式的工程施工图纸、说明文件及有关的工程洽商、变更;国家及国土资源部现行的有关施工验收规范及质量评定标准。

3.1 发包人代表

发包人代表为：＿＿＿＿＿＿＿＿＿＿＿＿＿＿＿＿＿＿＿＿＿＿＿＿＿＿＿＿＿＿＿＿＿＿＿＿。

发包人代表的授权范围为：＿＿＿＿＿＿＿＿＿＿＿＿＿＿＿＿＿＿＿＿＿＿＿＿＿＿＿＿。

4.1.2 发包人对工程规模、设计标准和设计使用功能要求的认定以及设计变更的审批权限按照＿＿＿＿＿市(区)有关部门规定执行。

5.1.11 本工程投资控制的依据为国家有关部门正式批准的投资概算及施工合同(或由发包人认定的投资概算)。监理人按程序可以对设计变更、现场变更签证,但在投资概算经原审批部门正式调整批复之前,所有超出投资概算总金额或其中任何子项投资金额的付款不予批准支付。

6.2 外部条件包括：本地区建设行政主管部门、质量检验和试验机构、工程场地周边居民及村镇、场地内涉及到影响工程正常开展的构筑物、建筑物的所属单位等。

6.3.3 发包人应提供的工程资料及提供时间：根据工程进度要求和设计单位与发包人商定的提交图纸时间,提供两套工程施工图纸,其他监理必需资料根据需要逐步提供。

6.6 发包人免费向监理机构提供如下设施：

6.6.1 监理现场办公用房至少一间。

6.6.2 监理现场直拨电话一部,使用费用自理。

6.6.3 提供必要的食堂搭伙条件,伙食费自理。

7.1.1 监理范围、监理工作内容和监理人员

本监理业务为施工阶段监理。

监理人负责工程项目的质量控制、投资控制、进度控制、安全控制、合同管理、信息管理以及组织协调工作。

监理人根据工程特点,指派满足本工程需要的相关专业人员,按照有关法规和要求完成监理工作。

7.1.2 对监理人的授权范围：＿＿＿＿＿＿＿＿＿＿＿＿。

涉及工程延期＿＿＿＿天内和(或)金额＿＿＿＿万元内的变更,监理人不需请示发包人即可向承包人发布变更通知。

7.8 由发包人无偿提供、供监理人使用的财产为：＿＿＿＿＿＿＿＿＿＿＿＿＿＿＿＿,属于发包人所有,监理人应在本合同任务完成后＿＿＿＿天内移交发包人无偿提供的房屋、设备,移交的方式为：＿＿＿＿＿＿＿＿＿。

8.1 发包人同意按以下的计算方法、支付时间与金额,支付监理人的酬金：

本合同签订并生效后_____日内支付第一期监理酬金,金额为酬金总额的40%。

第二期酬金支付金额为酬金总额的30%(以工程为单位),支付时间为监理进场二个月后7日内。

第三期酬金支付金额为酬金总额的25%(以工程为单位),支付时间为工程项目预验收后7日内。

第四期酬金支付金额为酬金总额的5%(以工程为单位),支付时间为本项目正式竣工验收后。

监理人应当在发包人付款前5个工作日内向发包人提交合法足额的发票,监理人未提交发票或者提交的发票不符合甲方要求的,发包人有权顺延付款时间,不构成发包人违约。

发包人同意按以下的计算方法、支付时间与金额,支付附加工作酬金:酬金=附加工作日数×合同酬金/监理服务日。

11.2 监理人在责任期内如果失职,同意按以下办法承担责任,赔偿损失[累计赔偿额不超过具体监理项目监理酬金总数(扣税)]:

$$赔偿金=直接经济损失×酬金比率(扣除税金)$$

12.1 本合同在履行过程中发生争议时,当事人双方应及时协商解决。协商不成时,双方同意由_____仲裁委员会仲裁(当事人双方不在本合同中约定仲裁机构,事后又未达成书面仲裁协议的,可向人民法院起诉)。

13.3 奖励办法

$$奖励金额=工程费用节省额×酬金比率$$

第四部分 合同附件

_____地质灾害防治工程监理费汇总表

序号	治理总表序号	分序号	项目名称	主要治理方式	投资总额/万元	监理费总额/万元
1						
2						
3						
4						
5						
6						
7						
8						
		合计				

发包人：   监理人：

附 录 E
（资料性附录）
地质灾害防治工程监测合同范本

第一部分 合同协议书

甲方：_____

乙方：_____

甲方委托乙方作为_____（地质灾害防治工程监测项目名称）_____应急监测/专业监测/效果监测的承担单位，负责该项目的监测运行工作。依照《中华人民共和国合同法》《中华人民共和国测绘法》《地质灾害防治条例》《地质环境监测管理办法》等有关法律、标准和规范，结合本项目的具体情况，遵循平等、自愿、公平和诚实信用的原则，双方协商一致，订立本合同，并由双方共同遵守。

1 项目概况

项目名称：_____。

项目地点：_____。

资金来源：_____。

项目范围：_____。

项目范围是对项目地点的细化，还包括地质灾害类型、规模、影响区域等情况的描述。

2 资质要求

2.1 乙方确立形式

本合同乙方根据以下第_____目确立。

（1）直接委托。

（2）公开招标。

（3）邀请招标。

（4）其他：_____。

2.2 乙方资质

乙方应具有国土资源部颁发的地质灾害治理工程勘查甲级资质、地质灾害危险性评估甲级资质及工程测量乙级或甲级资质。

3 监测目的与任务①

3.1 应急监测

1. 目的

针对突然发生的、造成或者可能造成严重社会危害的、需要采取应急处置措施予以应对的地质

---

① 注：分应急监测、专业监测、效果监测。

灾害进行监测。多种监测手段相结合,必要时候采用非常措施了解地质灾害的属性和表现特征,捕捉影响地质灾害体稳定的因素和分析其不稳定的情况及发展趋势,并按规定通道报送灾情监测信息,为政府及有关部门及时提供险情预警建议,为政府防灾减灾决策和实施提供科学依据和技术支持,避免社会危害进一步扩大。

2. 任务

负责监测数据采集;负责监测设备的保护与维护;结合专业宏观巡视结果,对监测数据进行分析,科学判断灾害体变形发展趋势,提出合理建议,及时提供监测结论;按时汇总和分析监测资料,并按甲方要求的时间提交监测成果报告,必要时还需提交专报。

3.2 专业监测

1. 目的

针对可能造成社会危害的地质灾害进行监测。多种监测手段相结合,了解地质灾害的属性和表现特征,捕捉影响地质灾害体稳定的因素和分析其不稳定的情况及发展趋势,掌握可能发生的地质灾害动态信息,为政府防灾减灾决策和实施提供科学依据和技术支持,避免造成社会危害。

2. 任务

负责监测数据采集;负责监测设备的保护与维护;结合专业宏观巡视结果,对监测数据进行分析,科学判断灾害体变形发展趋势,尽早发现险情,提出合理建议,及时提供监测结论;按时汇总和分析监测资料,并按甲方要求的时间提交监测成果报告,必要时还需提交专报;指导完成群测群防工作。

3.3 效果监测

1. 目的

针对已经处置完毕的地质灾害进行监测。多种监测手段相结合,检验处置措施是否达到地质灾害治理的目的,掌握地质灾害变形的收敛情况。

2. 任务

负责监测数据采集;负责监测设备的保护与维护;结合专业宏观巡视结果,对监测数据进行分析,判断地质灾害变形的收敛情况,及时提供监测结论;按时汇总和分析监测资料,并按甲方要求的时间提交监测成果报告,必要时还需提交专报;指导完成群测群防工作。

4 监测内容、频率

4.1 监测内容

根据项目实际情况罗列监测内容。

(1)地表位移监测。

(2)全站仪/测量机器人地表位移监测、自动化拉线式地表位移计监测、GPS地表位移监测等。

(3)深部位移监测。

(4)MEMS等。

(5)倾斜监测。

(6)降雨量监测。

(7)地下水位监测。

(8)含水率监测。

(9)地下水渗压监测。

(10)视频监控。

(11)水库水位监测。
(12)裂缝监测。
(13)土压力监测。
(14)应力监测。
……

4.2 监测频率①

4.3 监测时间

自_____年_____月_____日起至_____年_____月_____日,监测期总日历天数：_____天。

5 监测经费

5.1 监测经费计费依据

本合同监测经费计费依据采用以下第_____目。

(1)《工程勘察设计收费标准》。
(2)《测绘生产成本费用定额计算细则》。
(3)其他：_____。

5.2 监测经费的确定

监测经费总额采用以下第_____目确定,人民币(大写)_____元(￥_____元)。

(1)商定金额。
(2)中标金额。
(3)批复金额(采用批复金额方式确定监测经费总额时,以实际批复监测经费总额为准)。
(4)其他：_____。

6 合同文件构成

本协议书与下列文件一起构成合同文件：
(1)中标通知书或委托书(如果有)；
(2)投标函及其附录(如果有)；
(3)专用合同条款及其附件；
(4)通用合同条款；
(5)技术标准和要求；
(6)图纸；
(7)已标价工作量清单或预算书；
(8)双方确认需进入合同的其他文件。

在合同订立及履行过程中形成的与合同有关的文件均构成合同文件组成部分。

上述各项合同文件包括合同当事人就该项合同文件所做出的补充和修改属于同一类内容的文件,应以最新签署的为准,专用合同条款及其附件须经合同当事人签字或盖章。

7 词语含义

本协议书中词语含义与本合同第二部分通用合同条款中分别赋予它们的含义相同,专用合同条

---

① 注：罗列各种监测内容的监测频率。

款中没有具体约定的事项,均按通用合同条款执行。

8 承诺

(1)乙方向甲方承诺,按照本合同的约定,承担本合同中议定的监测任务、监测内容及工作量,履行本合同约定的全部义务。

(2)甲方向乙方承诺,按本合同约定期限和方式支付合同价款及其他应当支付的款项,履行本合同约定的全部义务。

9 补充协议

合同未尽事宜,合同当事人另行签订补充协议,补充协议是合同的组成部分。

10 签订时间及地点

本合同于_____年_____月_____日在_____签订。

11 合同效力

本合同由双方法定代表人或委托代理人(如为委托代理人,应出示授权委托书)签字,加盖双方公章或合同专用章即生效。

12 合同份数

本合同一式_____份,双方各执正本_____份,执副本_____份,具有同等效力。

甲方(盖章):	乙方(盖章):
详细地址:	详细地址:
法定代表人(签字/章):	法定代表人(签字/章):
委托代理人(签字):	委托代理人(签字):
电　　话:	电　　话:
传　　真:	传　　真:
开户银行:	开户银行:
银行账号:	银行账号:

第二部分 通用合同条款

1 一般约定

1.1 词语含义和解释

本合同协议书、通用合同条款、专用合同条款中的下列词语具有本款所赋予的含义：

1.1.1 合同协议书：指构成合同的由甲方和乙方共同签署的称为"合同协议书"的书面文件。

1.1.2 通用合同条款：指甲方与乙方根据法律规定、标准和规范，结合地质灾害防治工程监测的需要订立，通用于地质灾害防治工程监测项目的条款。

1.1.3 专用合同条款：指甲方与乙方根据法律规定、标准和规范，结合地质灾害防治工程监测项目具体情况，经协商达成一致意见的条款，是对通用合同条款的补充和完善。

1.1.4 技术标准和要求：指构成合同的监测应当遵守的或指导监测的国家、行业或地方的技术标准和要求，以及在合同约定的技术标准和要求。

1.1.5 图纸：指构成合同的图纸，包括由甲方按照合同约定提供或经甲方审批的设计文件等，以及在合同履行过程中形成的图纸文件。图纸应当按照法律规定审查合格。

1.1.6 已标价工作量清单：指构成合同的由乙方按照规定的格式和要求填写并标明价格的工作量清单，包括说明和表格。

1.1.7 预算书：指构成合同的由乙方按照甲方规定的格式和要求编制的项目预算文件。

1.1.8 其他合同文件：是指经合同当事人约定的与项目监测有关的具有合同约束力的文件或书面协议。合同当事人可以在专用合同条款中进行约定。

1.1.9 当事人：指甲方和（或）乙方。

1.1.10 甲方：指在合同协议书中约定，具有地质灾害防治工程监测项目委托项目和支付项目价款能力的当事人及取得该当事人资格的合法继承人。

1.1.11 乙方：指在合同协议书中约定，被甲方接受的具有地质灾害防治工程监测资质的当事人及取得该当事人资格的合法继承人。

1.1.12 项目：指甲方和乙方在合同中约定的地质灾害防治工程监测项目。

1.1.13 监测经费：指甲方和乙方在合同中约定，甲方用以支付乙方按照合同约定完成委托范围内全部任务的款项。

1.1.14 监测时间：指甲方和乙方在合同协议书中约定的监测时间，按总日历天数计算。

1.1.15 书面形式：指合同文件、信件和数据电文（包括电报、传真、电子数据交换、电子邮件和短信）等可以有形地表现所载内容的形式。

1.1.16 监测方案：指由乙方向甲方提供送审，经专家论证、获得甲方批准或者同意的监测方案设计文件（包括配套说明和有关资料）。

1.1.17 应急监测：对于已发生险情或灾情的地质灾害体，紧急部署监测设备，开展一定时间的监测工作。

1.1.18 专业监测：借助仪器设备对地质灾害体变形、应力应变以及孕灾环境（包括降雨量及水文等）等进行监测。

1.1.19 效果监测：针对已治理完毕的地质灾害体进行一个或多个周期监测，检验和判断治理效果是否达到相应要求。

1.2 合同文件的优先顺序

1.2.1 构成合同的各项文件应互相解释，互为说明。除专用合同条款另有约定外，解释合同文件的优先顺序如下：

(1) 合同协议书；
(2) 中标通知书或委托书（如果有）；
(3) 投标函及其附录（如果有）；
(4) 专用合同条款及其附件；
(5) 通用合同条款；
(6) 技术标准和要求；
(7) 图纸；
(8) 已标价工作量清单或预算书；
(9) 双方确认需进入合同的其他文件。

1.2.2 上述各项合同文件包括合同当事人就该项合同文件所作出的补充和修改，属于同一类内容的文件，应以最新签署的为准。在合同订立及履行过程中形成的与合同有关的文件均构成合同文件组成部分，并根据其性质确定优先解释顺序。

1.3 语言文字

本合同适用的语言文字为汉语简体文字。

1.4 法律

1.4.1 合同所称法律是指中华人民共和国法律、行政法规、部门规章，以及项目所在地的地方性法规、自治条例、单行条例和地方政府规章等。

1.4.2 合同当事人可以在专用合同条款中约定合同适用的其他规范性文件。

1.5 标准和规范

适用于地质灾害防治工程监测的国家标准、行业标准、项目所在地的地方性标准，以及相应的规范、规程等，合同当事人有特别要求的，应在专用合同条款中约定。

1.6 通知和联系

1.6.1 与合同有关的通知、批准、证明、证书、指示、指令、要求、请求、同意、意见、确定和决定等，均应采用书面形式，并应在合同约定的期限内送达接收人和送达地点。

1.6.2 甲方和乙方应在专用合同条款中约定各自的送达接收人和送达地点。任何一方合同当事人指定的接收人或送达地点发生变动的，应提前以书面形式通知对方。

1.7 严禁贿赂

合同当事人不得以贿赂或变相贿赂的方式，谋取非法利益或损害对方权益。因一方合同当事人的贿赂造成对方损失的，应赔偿损失，并承担相应的法律责任。

1.8 知识产权

1.8.1 除专用合同条款另有约定外，乙方为实施项目所编制的文件，除署名权以外的著作权属于甲方，乙方可因项目的开展、运行等目的而复制、使用此类文件，但不能用于与合同无关的其他事项。未经甲方书面同意，乙方不得为了合同以外的目的而复制、使用上述文件或将之提供给任何第三方。

1.8.2 除专用合同条款另有约定外，甲方为实施项目所提供的文件，乙方可因项目的开展、运行等目的而复制、使用此类文件，但不能用于与合同无关的其他事项。未经甲方书面同意，乙方不得为了合同以外的目的而复制、使用上述文件或将之提供给任何第三方。

1.8.3 除专用合同条款另有约定外，乙方在合同签订前和签订时已确定采用的专利、专有技术、技术秘密的使用费已包含在签约合同价中。

1.9 保密

1.9.1 除法律规定或合同另有约定外，未经甲方书面同意，乙方不得将甲方提供且声明需要保密的资料文件、信息等泄露给第三方。

1.9.2 除法律规定或合同另有约定外，未经乙方书面同意，甲方不得将乙方提供且声明需要保密的资料文件、信息等泄露给第三方。

2 甲方

2.1 甲方应遵守法律，并办理法律规定由其办理的许可、批准或备案。

2.2 甲方应在专用合同条款中明确其代表的姓名、职务、联系方式及授权范围等事项。甲方代表在甲方的授权范围内，负责处理合同履行过程中与乙方有关的具体事宜。甲方代表在授权范围内的行为由甲方承担法律责任。甲方更换甲方代表的，应提前14天书面通知乙方。

2.3 甲方应当在监测项目实施前向乙方提供气象和水文观测资料，地形资料，地质勘察资料，相邻建筑物、构筑物和地下工程等有关基础资料，并对所提供资料的真实性、准确性和完整性负责。

3 乙方

3.1 乙方在履行合同过程中应遵守法律及相关技术标准和要求，办理法律规定应由乙方办理的许可和批准，并将办理结果书面报送甲方留存。

3.2 项目经理应为合同当事人所确认的人选，并在专用合同条款中明确项目经理的姓名、职称、注册执业证书编号、联系方式及授权范围等事项，项目经理经乙方授权后代表乙方负责履行合同。项目经理应是乙方正式聘用的员工，乙方应向甲方提交项目经理与乙方之间的劳动关系证明材料，以及乙方为项目经理缴纳社会保险的有效证明。乙方不提交上述文件的，项目经理无权履行职责，甲方有权要求更换项目经理，由此增加的费用由乙方承担。

3.3 乙方需要更换项目经理的，应提前14天书面通知甲方，并征得甲方书面同意。

3.4 乙方不得将所承揽的项目全部转给他人完成，或者将项目的主要工作或大部分工作转包给他人完成。

3.5 乙方不得将所承揽的项目肢解后分别向他人转让。

4 监理人

(1)甲方和乙方应在专用合同条款中明确监理人的监理内容及监理权限等事项。

(2)监理人应当根据甲方授权及法律规定，代表甲方对监测项目相关事项进行检查、查验、审核、验收，并签发相关指示，但监理人无权修改合同，且无权减轻或免除合同约定的乙方的任何责任与义务。

(3)合同当事人进行商定或确定时，总监理工程师应当会同合同当事人尽量通过协商达成一致，不能达成一致的，由总监理工程师按照合同约定审慎做出公正的确定。

5 安全文明与环境保护

5.1 安全文明

5.1.1 合同履行期间，合同当事人均应当遵守国家和项目所在地有关安全生产的要求，合同当事人有特别要求的，应在专用合同条款中明确监测项目安全生产标准化达标目标及相应事项。乙方有权拒绝甲方及监理人强令乙方违章作业、冒险监测的任何指示。

5.1.2 乙方应当按照有关规定编制安全技术措施,建立安全生产责任制度及安全生产教育培训制度,并按安全生产法律规定及合同约定履行安全职责,如实编制项目安全生产的有关记录,接受甲方及政府安全监督部门的检查与监督。

5.1.3 监测过程中,如遇到突发的地质变动等影响监测和(或)人民生命财产安全的紧急情况,乙方应及时报告甲方,甲方应当及时报告政府有关行政管理部门采取应急措施。

5.1.4 乙方应依法为其履行合同所雇用的人员办理必要的证件、许可、保险和注册等,提供作业保护,保障监测人员的作业安全。监测过程中发生人员安全事故的,乙方应立即通知甲方。甲方和乙方应立即组织人员和设备进行紧急抢救,减少人员伤亡,防止事故扩大,并保护事故现场。甲方和乙方应按国家有关规定,及时如实地向有关部门报告事故发生的情况,以及正在采取的紧急措施等。

5.1.5 合同当事人对安全文明有其他要求的,可以在专用合同条款中明确。

5.2 环境保护

5.2.1 乙方在项目监测期间,应当采取措施保持野外作业场所的整洁,禁止乱扔垃圾,监测人员应当着装规范。

5.2.2 合同当事人对环境保护有其他要求的,可以在专用合同条款中明确。

6 监测成果质量与验收

6.1 监测质量

6.1.1 监测质量标准必须符合现行国家有关测绘质量验收规范和标准的要求。

6.1.2 乙方应当向甲方提交监测质量保证体系及措施文件,建立完善的质量检查制度。

6.1.3 乙方应对监测人员进行质量教育和技术培训,定期考核监测人员的劳动技能,严格执行测绘规范和操作规程。

6.1.4 对于甲方违反法律规定和合同约定的错误指示,乙方有权拒绝实施。

6.1.5 有关监测质量的特殊标准或要求由合同当事人在专用合同条款中约定。

6.2 验收

6.2.1 乙方已按照合同约定完成监测工作,并准备好验收资料,可向甲方申请项目验收。除专用合同条款另有约定外,乙方申请项目验收的,应当按照以下程序进行:

(1)乙方向甲方报送项目验收申请报告,甲方应在收到项目验收申请报告后14天内完成审查并告知乙方审查结果。甲方审查后认为已具备项目验收条件的,应在告知乙方审查结果后14天内组织相关单位及专家对乙方所完成的合同中约定的监测项目进行验收。

(2)项目验收合格的,甲方应在验收合格后14天内向乙方签发项目验收合格书。

(3)项目验收不合格的,乙方应按照验收意见,对不合格工序进行整改、返工或采取其他补救措施,由此增加的费用由乙方承担。乙方在完成不合格工序的整改、返工或采取其他补救措施后,应重新提交项目验收申请报告,并按本项约定的程序重新进行验收。

7 变更

7.1 变更范围

除专用合同条款另有预定外,合同履行过程中发生以下情形的,应按照本条约定进行变更:

(1)增加或减少合同中任何工作,或追加额外的工作。

(2)增加或减少监测基本频率。

(3)延长或缩短监测工作截止时间。

7.2 变更执行

7.2.1 甲方提出变更,变更指示应说明变更内容及变更理由。乙方收到甲方下达的变更指示14天内,认为不能执行,应提出不能执行该变更指示的理由,乙方认为可以执行变更的,应当书面说明实施变更指示对合同价款的影响,且按照合同约定的监测经费计费依据以及监测经费确定方式确定变更估价。甲方对变更估价申请有异议的,通知乙方修改后重新提交,甲方应在乙方提交变更估价申请后14天内审批完毕,甲方逾期未完成审批或未提出异议的,视为认可乙方提交的变更估价申请。

7.2.2 乙方提出变更,变更指示应说明变更内容、变更理由及按照合同约定的监测经费计费依据以及监测经费确定方式确定的变更估价。甲方收到乙方提交的变更指示14天内,认为不能执行,应提出不能执行该变更指示的理由。甲方对变更估价申请有异议的,通知乙方修改后重新提交,甲方应在乙方提交变更估价申请后14天内审批完毕,甲方逾期未完成审批或未提出异议的,视为认可乙方提交的变更估价申请。

8 监测经费支付

8.1 预付款

预付款的支付按照专用合同条款约定执行,但最迟应在开工通知载明的开工日期7天前支付。预付款应当用于材料、设备的采购及修建临时工程、组织监测队伍进场等。

8.2 计量

监测工作量计量按照合同约定的图纸、工作量清单及变更指示等进行计量。监测工作量计算规则应以相关的国家标准、行业标准等为依据,由合同当事人在专用合同条款中约定。

8.3 进度款支付

除专用合同条款另有约定外,甲方应在乙方履行完所有合同中约定由乙方履行的义务和责任,乙方提交甲方要求的付款材料后28天内支付合同价款的余额部分。

8.4 支付账户

甲方应将合同价款支付至合同协议书中约定的乙方账户。

9 违约

9.1 甲方违约

9.1.1 在合同履行过程中发生的下列情形,属于甲方违约:
(1)因甲方原因未能按合同约定支付合同价款的;
(2)甲方未按照合同约定的时间向乙方提供气象和水文观测资料,地形资料,地质勘察资料,相邻建筑物、构筑物和地下工程等有关基础资料或提供的资料与实际情况不符的;
(3)甲方未能按照合同约定履行其他义务的。

9.1.2 甲方发生违约情况时,乙方可向甲方发出通知,要求甲方采取有效措施纠正违约行为。甲方收到乙方通知后28天内仍不纠正违约行为的,乙方有权向有管辖权的人民法院起诉。

9.1.3 甲方应承担因其违约给乙方造成的损失。此外,合同当事人可在专用合同条款中另行约定甲方违约责任的承担方式和计算方法。

9.2 乙方违约

9.2.1 在合同履行过程中发生的下列情形,属于乙方违约:
(1)乙方违反合同约定进行转包;

(2)乙方采用的监测方法达不到规范要求的观测精度；

(3)乙方未能按期开展合同约定的监测工作的；

(4)乙方在合同约定的项目中使用未经计量检定或计量检定不合格的监测设备的；

(5)监测过程中,出现漏报、有情不报,确属玩忽职守造成不良后果的；

(6)监测报告信息错误、监测结论判断错误,造成甲方损失的；

(7)乙方未按照合同约定时间提交监测测报告及资料的；

(8)乙方未能按照合同约定履行其他义务的。

9.2.2 乙方发生违约情况时,甲方可向乙方发出整改通知,要求其在指定的合理期限内改正。乙方在指定的合理期限内仍不纠正违约行为并致使合同目的不能实现的,甲方有权解除合同。

9.2.3 乙方应承担因其违约给甲方造成的损失。此外,合同当事人可在专用合同条款中另行约定乙方违约责任的承担方式和计算方法。

9.2.4 乙方被证明提供虚假资质材料的,甲方有权解除合同,乙方应承担因其违约给甲方造成的损失。

10 不可抗力

10.1 不可抗力是指合同当事人在签订合同时不可预见,在合同履行过程中不可避免且不能克服的自然灾害和社会性突发事件,如地震、海啸等。不可抗力发生后,甲方和乙方应收集证明不可抗力发生及不可抗力造成损失的证据,并及时认真统计所造成的损失。合同当事人对是否属于不可抗力或其损失的意见不一致的,如项目施行监理制度按[商定或确定]的约定处理,发生争议时,按合同条款[争议解决]的约定处理。

10.2 不可抗力引起的后果及造成的损失由合同当事人按照法律规定及合同约定各自承担。

10.3 因不可抗力导致合同无法履行的,甲方和乙方均有权解除合同。合同解除后,由双方当事人按照合同的相关规定,确定甲方应支付的款项。

11 保险

11.1 甲方应依照法律规定参加工伤保险,并为进入监测现场的全部甲方员工办理工伤保险,缴纳工伤保险费。

11.2 乙方应依照法律规定参加工伤保险,并为其履行合同的全部员工办理工伤保险,缴纳工伤保险费,并要求履行合同聘请的第三方依法参加工伤保险。

11.3 甲方和乙方可以为其监测现场的全部人员办理意外伤害保险并支付保险费,包括其员工及为履行合同聘请的第三方的人员,具体事项由合同当事人在专用合同条款约定。

11.4 保险事故发生时,投保人应按照保险合同规定的条件和期限及时向保险人报告。甲方和乙方应当在知道保险事故发生后及时通知对方。

12 索赔

12.1 乙方的索赔

根据合同约定,乙方认为有权得到追加付款的,应按以下程序向甲方提出索赔。

(1)乙方应在知道或应当知道索赔事件发生后28天内,向甲方递交索赔意向通知书,并说明发生索赔事件的事由；乙方未在前述28天内发出索赔意向通知书的,丧失要求追加付款的权利。

(2)乙方应在发出索赔意向通知书后28天内,向甲方正式递交索赔报告；索赔报告应详细说明索赔理由以及要追加的付款金额,并附必要的记录和证明材料。

(3)索赔事件具有持续性影响的,乙方应按合理时间间隔继续递交延续索赔通知,说明持续影响的实际情况和记录,列出累计的追加付款金额。

(4)在索赔事件结束影响后28天内,乙方应向甲方递交最终索赔报告,说明最终要求索赔的追加付款金额,并附必要的记录和证明材料。

12.2 对乙方索赔的处理

对乙方索赔的处理如下:

(1)甲方应在收到索赔报告后14天内完成审查。甲方对索赔报告存在异议的,有权要求乙方提交全部原始记录副本。

(2)甲方应在收到索赔报告或有关索赔的进一步证明材料后的28天内,向乙方出据索赔处理结果。甲方逾期答复的,则视为认可乙方的索赔要求。

(3)乙方接受索赔处理结果的,索赔款项在当期拨付款中进行支付;乙方不接受索赔结果的,按合同条款中第13条[争议解决]的约定处理。

12.3 甲方的索赔

(1)根据合同约定,甲方认为有权利得到赔付金额的,应向乙方发出通知并附详细的证明。

(2)甲方应在知道或应当知道索赔事件发生后28天内向乙方提出索赔意向通知书,甲方未在前述28天内发出索赔意向通知书的,丧失要求赔付金额的权利。甲方应在发出索赔意向通知书后28天内,向乙方正式递交索赔报告。

12.4 对甲方的索赔处理

对甲方索赔的处理如下:

(1)乙方收到甲方提交的索赔报告后,应及时审查索赔报告的内容、查验甲方证明材料。

(2)乙方应在收到索赔报告或有关索赔的进一步证明材料后28天内,将索赔处理结果答复甲方。如果乙方未在上述期限内作出答复的,则视为对甲方索赔要求的认可。

(3)甲方接受索赔处理结果的,甲方可从应支付给乙方的合同价款中扣除赔付的金额;甲方不接受索赔结果的,按合同条款中第13条[争议解决]的约定处理。

13 争议解决

13.1 和解

合同当事人可以就争议自行和解,自行和解达成协议的经双方签字并盖章后作为合同补充文件,双方均应遵照执行。

13.2 诉讼

因合同及合同有关事项产生的争议,无法达成和解的,合同当事人可以向有管辖权的人民法院起诉。

13.3 争议解决条款效力

合同有关争议解决的条款独立存在,合同的变更、解除、无效或者被撤销均不影响其效力。

T/CAGHP 043—2018

第三部分　专用合同条款

1　一般约定

1.1　词语定义
1.1.1　其他合同文件包括：_____。
1.1.2　合同其他相关方
　　监理
　　监理单位：_____；
　　资质类别和等级：_____；
　　联系人：_____；
　　联系电话：_____；
　　电子邮箱：_____；
　　通信地址：_____。
　　……

1.2　法律
1.2.1　适用于合同的其他规范性文件：_____。
1.2.2　应急监测的特别说明
　　合同约定的地质灾害防治工程监测项目性质为应急监测时，将适用《中华人民共和国突发事件应对法》。《中华人民共和国突发事件应对法》第二条为"突发事件的预防与应急准备、监测与预警、应急处置与救援、事后恢复与重建等应对活动，适用本法。"第三条为"本法所称突发事件，是指突然发生，造成或者可能造成严重社会危害，需要采取应急处置措施予以应对的自然灾害、事故灾害、公共卫生事件和社会安全事件"。

1.3　标准和规范
　　适用于项目的标准规范包括：_____。

1.4　合同文件的优先顺序
　　合同文件组成及优先顺序为：_____。

1.5　通知和联系
1.5.1　甲方、乙方应各指定一名联系人，负责与对方联系。更换联系人时或联系地址，应以书面形式提前_____日通知对方。
1.5.2　在监测合同实施过程中，双方的联系均应以书面函件为准。在不做出紧急处理有可能导致安全事故的情况下，可先以口头形式通知，并在_____小时内补做书面通知。

1.6　知识产权
　　乙方向甲方提供的监测报告等任何文件材料所涉及的著作权等其他知识产权，均归属甲方所有，但乙方享有监测成果的署名权、修改权和保护数据完整权。

1.7　保密
　　未经甲方书面同意，乙方不得向第三方提供监测资料或将内容公开发表。乙方应对甲方提供的所有文件材料、信息、数据等承担保密义务，直至该等信息被公开为止。

2 甲方

2.1 一般义务与权力

2.1.1 审批监测方案。

2.1.2 依据法律规定、标准和规范及监测方案，监督、检查乙方日常监测工作。

2.1.3 按合同约定的时间及方式向乙方支付监测经费。

2.1.4 对乙方在监测运行中提出的问题给予适时的回复。

2.1.5 协调工作环境，加强对监测设备保护的宣传工作。

2.2 甲方代表

姓名：_____；

身份证号：_____；

职务：_____；

联系电话：_____；

电子邮箱：_____；

通信地址：_____。

甲方对甲方代表的授权范围如下：_____。

2.3 甲方文件

2.3.1 需要由甲方提供的文件及数量：_____；

2.3.2 甲方文件提供截止时间：_____。

3 乙方

3.1 一般义务与权力

3.1.1 按项目监测方案的要求和合同约定，完成监测任务并按约定提交相关报告、资料。

3.1.2 针对监测项目，为甲方及时准确地提出预警建议。

3.1.3 负责监测仪器和监测设备的日常维护，确保监测设备的使用正常。

3.1.4 接受甲方或监理对监测工作的监督、检查。

3.1.5 乙方监测人员的工资福利、社保待遇以及人身和财产安全由乙方负责。乙方在进行监测时，应采取相应的安全和环境保护措施，如乙方未能采取有效的措施，而发生的与监测活动有关的乙方人员人身伤亡、罚款、索赔、损失赔偿、诉讼费用及其他一切责任应由乙方负责。

3.1.6 配合甲方指导群测群防工作。

3.1.7 乙方应当在本协议签订之日起7日内，组成监测项目组，监测项目组组成人员必须具备法定监测资质，乙方应当将项目组成员的联系方式和人员履历、资质证明文件等交甲方备案。

3.2 项目经理

姓名：_____；

身份证号：_____；

专业、资格名称：_____；

高级工程师证书编号：_____；

联系电话：_____；

电子邮箱：_____；

通信地址：_____。

乙方对项目经理的授权范围如下：_____。

3.3 履约担保

3.3.1 乙方是否提供履约担保：_____；

3.3.2 乙方提供履约担保的形式、金额及期限的：_____。

3.4 提交资料

3.4.1 乙方提交的监测成果资料的内容及套数：_____。

3.4.2 乙方提交的监测成果资料移交时间：_____。

3.4.3 乙方提交的监测成果资料形式要求：_____。

4 监理人

4.1 监理人的一般规定

4.1.1 关于监理人的监理内容：_____。

4.1.2 关于监理人的监理权限：_____。

4.2 总监理工程师

姓名：_____；

职务：_____；

监理工程师执业资格证书号：_____；

联系电话：_____；

电子邮箱：_____；

通信地址：_____。

关于监理人的其他约定：_____。

5 安全文明与环境保护

5.1 合同当事人对安全文明监测的其他要求：_____。

5.2 合同当事人对环境保护的其他要求：_____。

6 监测质量与验收

6.1 为了提高地质灾害防治工程监测质量管理水平，确保监测质量，甲方有权依据《测绘质量监督管理办法》《测绘生产质量管理规定》《测绘产品质量评定标准》及《测绘产品检查验收规定》对监测过程进行监督、对监测成果进行质量评定与验收。

6.2 乙方应当于项目结束之日起_____日内向甲方提交监测报告并书面通知甲方进行验收，甲方组织相关单位及专家，依据本合同约定使用的标准和规范，对乙方所完成的项目进行验收。验收合格后_____日内，乙方应当向甲方提交所有监测文件和资料。

6.3 乙方应本着实事求是的态度，提供与实际情况相符的监测报告。甲方认为乙方的监测报告存在错误、遗漏或其他不符合约定情形的，有权要求乙方进行调整，乙方应当无条件进行整改。因此导致增加的费用、工作量和工作时间，由乙方承担，并且不免除乙方应承担的延期提交监测报告的违约责任。

7 变更

7.1 变更范围

因监测对象地质灾害体状态或监测数据发生明显变化,为保障监测工作的有效开展,导致的监测方法、监测频率、监测时间的变更,双方当事人均可以提出变更,但需征得对方同意。

7.2 变更估价

关于变更估价的约定:_____。

8 监测经费的支付

8.1 第一次监测经费的支付时间为合同生效后_____日内,甲方向乙方支付合同价款的_____%作为监测预付款(监测预付款支付时间、金额可由甲乙双方协商确定)。

8.2 第二次监测经费的支付时间为监测工作结束,甲方验收通过,乙方提交所有监测资料后_____日内,支付额度为合同价款的余额部分。

8.3 监测经费来源为有关人民政府财政拨款时,监测经费的支付时间以相关财政部门的批复和实际下拨时间为准,不构成甲方违约。

8.4 乙方应当在甲方付款前7日内,向甲方提交合法足额的发票供审验。乙方未提交发票或者提交的发票不符合甲方要求的,甲方有权顺延款项支付时间,不构成甲方违约。

9 违约

9.1 甲方违约

9.1.1 甲方违约的其他情形:_____。

9.1.2 甲方违约责任的承担方式和计算方法:_____。

9.1.3 因甲方违约解除合同的特别约定:_____。

9.2 乙方违约

9.2.1 乙方违约的其他情形:_____。

9.2.2 乙方违约责任的承担方式和计算方法:_____。

9.2.3 因乙方违约解除合同的特别约定:_____。

10 不可抗力

10.1 不可抗力的确认

10.1.1 除通用合同条款约定的不可抗力事件之外,视为不可抗力的其他情形:_____。

10.1.2 其他情形如滑坡发生滑塌、危岩发生崩塌等。原有地质灾害体状态已发生巨大变化,合同约定的监测对象已不复存在。

10.2 因不可抗力解除合同

合同解除后,甲方应根据乙方已完成的监测工作确定支付款项,并于_____日内完成款项的支付。

11 保险

关于保险的其他约定:_____。

12 索赔

关于索赔的其他约定：_____。

13 争议解决

本合同发生争议时，双方应及时协商，无法达成和解的，甲、乙双方同意向_____人民法院提起诉讼。

附 件

协议书附件
监测工作量统计表
已标价工作量清单或预算书
专用合同条款附件
补充协议
……

附 录 F
（资料性附录）
地质灾害危险性评估合同范本

根据《中华人民共和国合同法》《地质灾害防治条例》等法律、法规和有关规定，为明确甲、乙双方的权利义务，保证地质灾害危险性评估的工作进度、质量，甲、乙双方在平等、自愿、守信的基础上，经双方协商一致，就地质灾害危险性评估有关事宜签订本合同。

1 项目概况

1.1 项目名称
_____。

1.2 项目地点
_____。

1.3 用地范围①
_____。

1.4 规划用地情况或拟建工程概况
_____。

2 工作任务及技术要求

甲方委托乙方开展_____地质灾害危险性评估工作（详见表1 地质灾害危险性评估任务委托书），乙方按照《国土资源部关于加强地质灾害危险性评估工作的通知》（国土资发〔2004〕69号）及相关地质灾害危险性评估技术规程、规范、标准和技术要求，全面收集已有资料，进行野外实地调查，在综合研究的基础上，编制地质灾害危险性评估报告及图件。

3 评估服务工期

评估工作从_____年_____月_____日开始，_____年_____月_____日之前向国土资源行政主管部门提交送审的评估报告。如遇特殊情况（甲方未按要求及时提供报告所需相关资料，甲方委托任务有所调整，乙方现场调查发现地质灾害隐患需要进行必要的勘探工作，不可抗力因素以及其他非乙方原因）时，工期顺延。

评估报告经甲乙双方共同邀请的专家评审后，_____日内，乙方应当按照甲方要求向甲方提交经审查通过的合格评估报告。

4 评估费用及付费方式

4.1 评估费用

经双方协商，评估工作费用包干为人民币_____元（大写：_____元）。含现场调查、评估报告编制、审查等所发生的一切费用。除需要采用勘探手段才能查清地质灾害问题需增

---

① 注：用地面积及拐点坐标。

加勘探费用的情况外,乙方不得以任何理由增加评估费用。

4.2 费用支付

合同签订后_____日内,甲方向乙方支付评估费用的_____%作为预付款,即人民币_____万元(大写:_____元);乙方完成委托工作内容,向甲方提供经国土资源行政主管部门审查通过的评估报告时,甲方向乙方一次性付清余款人民币_____万元(大写:_____)。

5 双方责任

5.1 甲方责任

5.1.1 评估合同签订时,向乙方提供地质灾害危险性评估任务委托书。

5.1.2 及时向乙方提供下列资料,并对其真实性、可靠性负责:

规划用地评估需提供甲方签章的规划功能分区图(含规划区范围、规划说明)、评估区现状地形图、规划用地批准文件及其他相关资料等。

建设用地评估需提供甲方签章的拟建工程平面布置图(含建设用地红线范围、拟建工程概况)、评估区现状地形图、建设项目批准文件及其它相关资料等。

5.1.3 按第4条第2款评估费用付费方式的约定,按时向乙方支付评估费用。

5.2 乙方责任

5.2.1 按照相关地质灾害危险性评估技术规程、规范、标准、技术要求和甲方任务委托书开展评估工作,编制地质灾害危险性评估报告,并对其质量负责。

5.2.2 评估报告编制完成后,向国土资源行政主管部门提交送审资料。

5.2.3 报告通过审查后_____个工作日内,向甲方提供项目成果报告纸介质_____套和电子文档_____套,甲方要求增加的份数另行收费。

5.2.4 乙方应对甲方提供的所有文件材料、信息、数据等承担保密义务,直至该等信息被公开为止。

5.2.5 评估成果未经甲方许可,不得向第三方提供评估资料和将内容公开发表或者允许第三方进行使用。

5.2.6 乙方向甲方提供的评估报告等任何文件材料所涉及的著作权等其他知识产权,均归属甲方所有。未经甲方许可,乙方不得自行或者授权他人使用。

5.2.7 乙方评估人员的工资福利、社保待遇以及人身和财产安全由乙方负责。乙方在进行评估时,应采取相应的安全、保卫和环境保护措施,如乙方未能采取有效的措施,而发生的与评估活动有关的人身伤亡、罚款、索赔、损失赔偿、诉讼费用及其他一切责任应由乙方负责。

6 违约责任

6.1 甲方违约责任

6.1.1 因甲方原因造成乙方停工、返工而导致乙方不能按期提交成果报告,除按实际工日顺延工期外,还应按预算的平均工日产值支付乙方停工费、窝工费。

6.1.2 合同履行期间,非因乙方原因或不可抗力因素导致合同无法继续履行,甲方要求解除合同时,乙方已完成的实际工作量,不足一半(具体标准)时,按该阶段设计费的一半支付;超过一半时,按该阶段设计费的全额支付。

6.1.3 甲方未按合同规定时间支付评估费用,每超过_____日,应向乙方支付应付余款的_____‰作为逾期违约金。

6.2 乙方违约责任

6.2.1 因乙方原因未按合同规定时间提交成果报告,每超过_____日,应减收评估费用的_____‰,延期超过_____日的,甲方有权解除本合同。

6.2.2 合同履行期间,由于乙方违约,导致甲方解除合同的,乙方应_____倍返还预付款,作为向甲方赔偿的违约金。

6.2.3 合同履行期间,乙方要求解除合同时,应_____倍返还预付款,作为向甲方赔偿的违约金。

6.2.4 由于乙方履行本合同的行为存在瑕疵或者乙方评估过程当中造成第三方损害等可归咎于乙方的原因,导致甲方遭受任何第三方追诉、索赔的,甲方有权要求乙方承担赔偿责任。

6.3 共同违约

甲、乙双方共同违约时,应由各方按照责任大小分别承担违约所造成的损失。

7 不可抗力

因不可抗力因素导致合同无法履行的,不属于违约行为,双方协商后解除合同。

8 承诺

乙方承诺,在本合同履行期间内,乙方人员与甲方之间不构成任何劳动、雇佣等关系。乙方应与其工作人员签订劳动合同,为其购买社会保险,确保其工作人员的人身和财产安全。

9 保密

乙方违反保密义务规定,对外泄露甲方提供的信息、材料或者评估报告、评估成果等的,应当向甲方赔偿违约金人民币_____万元整。甲方有权解除本合同。

10 其他事项

(1)本合同未尽事宜,经甲乙双方协商一致,签订补充协议,补充协议与本合同具有同等法律效力。

(2)本合同经双方法定代表人或其委托代理人(如为委托代理人,应出示授权委托书)签字并盖章后生效。

(3)本合同一式_____份,双方各执_____份,具有同等法律效力。

(以下为签字页,无正文)

委托单位(甲方):	承接单位(乙方):
(盖章)	(盖章)
法定代表人(签字):	法定代表人(签字):
或委托代理人(签字):	或委托代理人(签字):
地　　址:	地　　址:
邮政编码:	邮政编码:
电　　话:	电　　话:
传　　真:	传　　真:
开户银行:	开户银行:
帐　　号:	帐　　号:
日期:____年____月____日	日期:____年____月____日

表 1 地质灾害危险性评估任务委托书

委托单位(甲方)	
承接单位(乙方)	
项目名称	
项目地点	
项目概况	
工作任务及技术要求	
提交成果	
委托单位(甲方)	（盖章） 年　月　日
备注	

发包人：　　　　　　　　　　　　　　　　　　　　监理人：